中药材产业·农民培训精品教材

轻松识别药材
图文并茂
既学到知识
又掌握技术
致富好帮手

中药材

高效栽培与识别

原色生态图谱

袁建江　薛乐平　岑文展 ■ 主编

中国农业科学技术出版社

图书在版编目（CIP）数据

中药材高效栽培与识别原色生态图谱 / 袁建江，薛乐平，岑文展主编 .—北京：中国农业科学技术出版社，2018. 5

ISBN 978-7-5116-3606-5

Ⅰ. ①中… Ⅱ. ①袁…②薛…③岑… Ⅲ. ①药用植物-栽培技术②中药材-图集 Ⅳ. ①S567②R282-64

中国版本图书馆 CIP 数据核字（2018）第 083561 号

责任编辑 褚 怡 崔改泵
责任校对 马广洋

出 版 者 中国农业科学技术出版社
北京市中关村南大街 12 号 邮编：100081
电 话 (010)82109194(编辑室) (010)82109702(发行部)
(010)82109709(读者服务部)
传 真 (010)82106650
网 址 http://www.castp.cn
经 销 者 各地新华书店
印 刷 者 北京地大天成印务有限公司
开 本 880mm×1230mm 1/32
印 张 4. 25
字 数 115 千字
版 次 2018 年 5 月第 1 版 2018 年10月第 2 次印刷
定 价 39. 80 元

《中药材高效栽培与识别原色生态图谱》

编委会

主　编　袁建江　薛乐平　岑文展

副主编　武　东　孔剑红　金　磊　金荣峰　李春叶
丁继江　武小兵　李国东　尹舒博　刘　勇
杨红杏　黄连华　赵　哲

编　委　郝灵播　李秀萍　段翠萍　郑　倩　马果梅
彭　芬　张小玲　韩建英　陈秀禅　韩丽英
李永香　石　磊　雯晓燕　张　婧　马慧慧
李　静　梁月辉　王红玉

前　　言

由于人类生存环境和生活水平的不断提高，优先使用中医药治疗疾病的思潮日渐强劲，人类的医疗模式已从原来的治疗型逐渐也转向预防与治疗相结合型，而一些具预防与保健功能的中草药也将逐渐受到青睐。

本书共9章，内容包括：认知中草药基础、中草药繁殖及驯化、中草药规范化栽培、根类中草药的识别、全草类中草药的识别、叶类中草药的识别、皮类中草药的识别、花类中草药的识别、果实种子类中草药的识别等内容。详细介绍了各种药的药用部位、形态特征、产地、功效、药材识别技术。

本书内容简明扼要，通俗易懂，图文并茂，实用性强，适用于广大药农和基层农技推广工作人员参考

编　者

目　　录

第一章　中草药基础

中药材分植物性中药材、动物性中药材、矿物性中药材，能够栽培的是植物性中药材，俗称中草药。本书是以中草药为内容介绍其栽培与识别等。种植中草药收益大大高于粮食作物，中草药种植面积一直在扩大。我国是中草药资源大国，中草药种类及数量均居世界之首。根据相关普查资料显示：我国现有中草药资源 10 000 多种，另有动物药和矿物药 2 000 多种。由于中草药的天然属性和低副作用以及近年来人们对中草药的认可和重视，大大提升了市场对中草药资源的需求。

第一节　中草药定义与分类

一、中草药的定义

用于治疗和预防疾病的物质，一般统称为“药物”。就来源而言，药物可分为天然药物、化学药品和生物制品三大类。天然药物是指人类在自然界中发现并可直接供药用的植物、动物或矿物，以及基本不改变其药理化学属性的加工品。中草药属于天然药物，是中药和草药的总称。

“中药”是以传统中医药学理论阐述药理作用并指导临床应用、有独特的理论体系和使用形式，而且加工炮制比较规范的天然药物及其加工品，并载于中医药典籍。中药由植物药、动物药和矿物药构成。“草药”一般是指医用以治病或地区性口碑相传的天然药物及其加工品，其中也包括本草记载的药物。随着药源普查和对草药的不断研究，一些疗效较好的草药逐渐被中医界所应用，或收购。中药和草药在用药方面相互交叉、相互渗透、相互补充，从而丰富和延伸了“中药”的内涵，于是将中药和草药统称为“中草药”。“中草药”大多数为植物药，本书主要介绍植物类中草药。

中草药的特点为：具有复杂性、多源性；中草药还有有限多源性，经常造成“病准、方对、药不灵”的问题。在常用的中草药中，多品种、多来源、同名异物、同物异名的现象比较普遍。

二、中草药的分类

为了便于学习、研究和应用，可以采用不同的中草药分类方法。常见的中草药分类方法如图 1-1 所示。

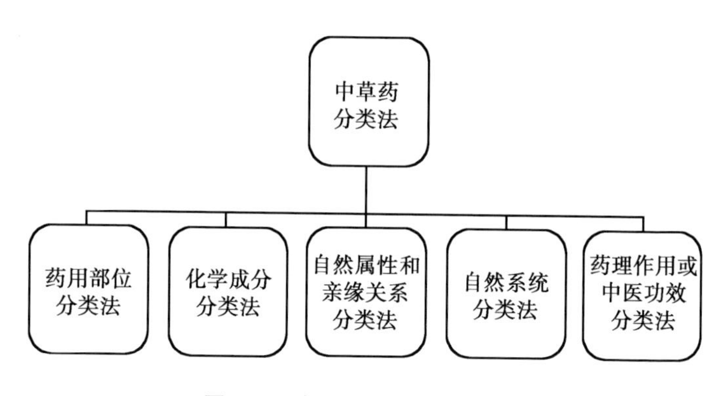

图 1-1　常见的中草药分类方法

1. 药用部位分类法

依据不同的药用部位，中草药分为根、根状茎、块茎、球茎及鳞茎类、叶类、皮类、花类、果实、种子类和全草类等。这种分类法便于学习和研究中草药的外形和内部构造，掌握各类中草药的外形和显微特征及其鉴定方法，也便于比较同类不同种中草药间在外形和显微特征上的异同。

2. 化学成分分类法

根据中草药中所含的有效成分或主成分的类别来分类，如苷类中草药、生物碱类中草药、含挥发油中草药等。

3. 自然属性和亲缘关系分类法

按中草药的自然属性和亲缘关系分类，如动物类中草药、植物类中草药和矿物类中草药。

4. 自然系统分类法

根据中草药的原植（动）物在分类学上的位置和亲缘关系，按门、纲、目、科、属和种分类排列。

5. 药理作用或中医功效分类法

根据中草药的药理作用或中医功效来分类，按现代药理作用可分为神经系统作用的中草药、循环系统作用的中草药等，按中医疗效分为解表药、清热药、补益药等。

以上各种分类方法各有优点，也各有不足之处，必须根据不同的目的和要求，选择一种比较适宜的分类方法。

第二节　中草药的市场空间

一、中药材与中药材市场

我国中草药栽培历史悠久，全国中草药种植面积达 40 万 hm^2 以上，年产量 5 亿多 kg，建立了 600 多个中药材生产基地。

（1）药材流通的特点如下。

①地域性。地域性表现为药材生产受自然环境的制约，如吉林的人参、四川的川芎、内蒙古的甘草、云南的三七、宁夏的枸杞以及中外驰名的“四大怀药”和著名的“浙八味”等，这些主产地生产的药材被誉为道地药材，它们是药材质量好的代名词，因此，药材经营中一定要注意产地。

②季节性。季节性是指药材的种植、生长周期、采摘与收获都是在特定季节完成的，在自然因素制约下，不同年份会有丰歉，表现在市场上则是价格的起伏。

③药材在进入使用前，一般要加工成饮片或中成药，供患者服用。

无论是中医处方，还是成药的组方，一般都是多味药的组方，这种组方的特点和药材生产的地域性就为药材在全国或经济区域内流通和建立药材专业市场提供了前提条件。同时，药材的需求用户主要是中成药生产企业、饮片厂、中医医院、药材经销企业和药材专业经销商户，他们在经营上各有不同的方式、方法，在进入这个领域时，对此要有所了解，做到心中有数。

（2）药材流通渠道与17个中药材专业市场。药材流通渠道与17个中药材专业市场的关系如图1-2所示。

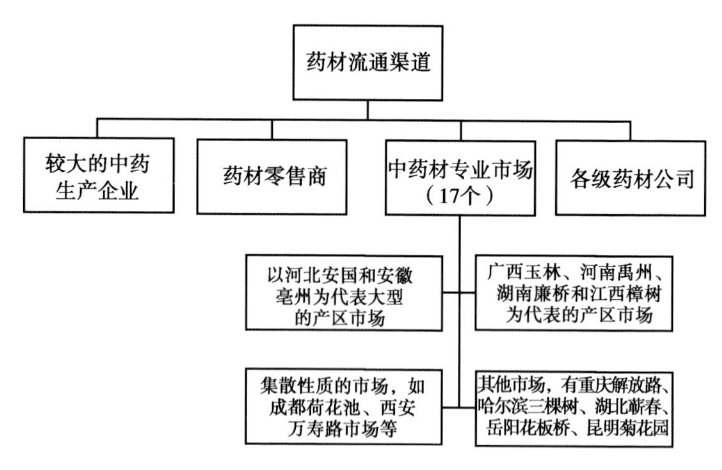

图1-2　药材流通渠道与17个中药材专业市场

（3）获得药材生产经营信息的途径。在众多的药材信息传播中，一定要注意分辨真伪。在市场竞争中，一些药材经营户为牟取私利，不惜散布虚假信息，借机哄抬药材价格。对此，初次涉足药材经营的商户要有警惕性，掌握一些药材价格变化和市场预测的基本知识，提高自己的识别能力。

二、满足企业需求，拓展发展空间

通过多学科的学习，可为未来在药品生产企业、药品经营企业、医院或其他等企事业单位继续深造打下基础；获得有助于就业的相关职业资格证书（中级），如中药调剂员、化学检验工、中药制剂工、药物制剂工、药品购销员、动物疫病防治员、兽药化验员等。表 1-1 为某中药药厂发布的招聘信息。

表 1-1　某中药药厂招聘信息

岗位	职位描述
质量工程师	中药学或医药相关专业，具有 3 年以上丰富的药品质量检验、管理工作经验和 GMP 认证经验，持上岗证要求：①有药厂质量保证或质量控制相关工作经历；②有理化检验工作经验；③有微生物检验工作经验；④有上岗证
中药房药剂人员	①大专或以上学历，3 年以上中药房工作经验；②持药剂士/师/执业药剂师职称证书；③工作积极主动，具有高度的责任感、敬业精神和团队合作精神
中药采购主管	①负责拟订加工厂总体的年度、季度、月度采购工作计划，并组织实施；②负责采购管理制度和管理体系的建立健全工作；③负责组织各类供应商的开拓、考察、筛选、考核评价、关系维护，建立健全供应商档案；④负责组织各类采购品的比价采购；⑤负责组织采购合同的谈判、审核；⑥根据付款计划，负责制订资金需求计划，并提交财务部
中药验收员	①负责对所有采购入库、门店退货入库的商品进行验收；②负责配送中心验收工作与商品部对接；③负责与保管员做好商品入库手续上的交接；④负责对不符合要求商品的拒收交接；⑤负责对所有退货库的商品进行管理等
配方员/中药调剂员/中药营业员	①根据医师处方，按照配方程序和原则（审方—计价—收费—发药），及时准确地进行中药饮片或中药调配工作；②对所负责斗格区域进行清斗及装斗

（续表）

岗位	职位描述
中药师	①具中药师资格证；②药剂科2年及以上工作经验
中药饮片工艺员	①执行公司各项指标，协助车间主管安排好车间生产任务；②做好各种资料的收集、汇总、统计工作，按照公司布置，及时上报各种规定的报表；③协助车间主管搞好工艺卫生工作；④参加工艺、设备验证工作；⑤监督车间执行生产工艺规程，了解工艺规程执行中的问题，为改进、修订工艺提出建议；⑥对生产过程中工艺参数的准确性负责

第二章　中草药繁殖及驯化

中草药一般是用种子繁殖的，但有些用无性繁殖法，如块根、块茎、球茎、小根等。买种子最好去一些药材种植基地购买，会比在药材市场上买的好。有的中草药种子在播种前要经特殊处理才能利于出苗，处理过的种子价格与未处理的自然也不同。

第一节　中草药的营养繁殖

一、分株繁殖

中草药的地下变态茎不仅具有储藏营养和繁殖的功能，而且是很多种类中草药的药用部位。常见的地下变态茎有根状茎、块茎、球茎、鳞茎等（表 2-1）。

表 2-1　地下变态茎繁殖

变态地下茎的种类	特征	中草药举例
根状茎	根茎多延长横生，其上生有不定根	款冬、薄荷、玉竹等
	根茎短粗或肉质	姜、郁金
块茎	不规则的块状地下茎，肉质，节间很短	天麻、地黄
球茎	地下茎呈球形或扁球形，肉质，有明显的节和缩短的节间，节上有较大的鳞片，顶芽发达，基部着生不定根	番红花

（续表）

变态地下茎的种类	特征	中草药举例
鳞茎	一种茎、叶变态呈球形或扁球形的地下茎，其茎极短且密集成圆盘状或鳞茎盘，盘上着生许多肉质肥厚的鳞片状的变态叶。顶芽位于鳞片中央，鳞片腋间有腋芽。鳞茎盘基部生有不定根	百合、贝母

某些种类中草药可将鳞（球）茎、根状茎、块茎（根）、根和珠芽等部分从母株上分割下来，另行种植，培育出独立的新植株（表2-2）。

表2-2　分株繁殖

分株繁殖的种类	繁殖方式	中草药举例
鳞（球）茎繁殖	在鳞茎或球茎四周常发生小鳞茎、小球茎，取下，使芽头向上，做种繁殖	鳞茎繁殖，如贝母、百合等；球茎繁殖，如天南星、番红花等
根状茎繁殖	将横走的根茎按一定长度或节数分为若干小段，每段保留3~5个芽	款冬、薄荷、甘草等
块茎（根）繁殖	芽和芽眼的位置分割成若干小块，每小块必须保留一定的表面积和肉质部分	地黄、山药、何首乌
分根繁殖	地上部分枯死后，萌芽前将宿根挖出地面，按芽的多少、强弱，从上往下分割成若干小块，栽种时要求根部舒展入沟后覆土、踩压，需及时浇水保持土壤湿润	芍药、玄参
珠芽繁殖	植株的叶腋部常生有珠芽，可取下繁殖	半夏、山药

二、压条繁殖

压条繁殖是将连着母株的枝条埋入土中，待其枝条上长出不定根后再切离母株，使其长成独立的新植株的栽植方法。有的用塑料薄膜包裹生根部位，不定根长成后将其切离母株并栽种于土中，通常此法用于生根比较缓慢的植物。压条法有普通压条法、波状压条法、堆土压条法、空中压条法等。如金银花、酸枣、山茱萸、罗汉果等常进行压条繁殖。

三、扦插繁殖

扦插繁殖是利用中草药的营养器官如根、茎、叶，在适宜的条件下，植入土或沙中，待其长出新个体后，再行栽种。扦插繁殖是一种技术较复杂的营养繁殖，其中促进插条的根系良好发育是提高成活率的关键。

（一）技术要点

（1）不同种类或品种的中草药以及同一植物根的不同部位，其再生能力差异很大。例如，连翘、菊花等的插条容易生根；山楂、酸枣的插根易成活，枝插不易生根。

（2）插条材料应选择年幼母株的 1 年生枝条，以根茎部位的萌蘖条为最好。插条的发育状况对生根成活的影响很大，其原因在于保证插条在生根时有充足的营养、生长素和维生素等。在生产中，将有些树种的插条带一部分 2 年生枝，常可提高其成活率。一般而言，年龄相同的插条越粗越好，而且要有一定的长度，即“粗枝截短，细枝留长”的原则。此外，由于插条生根前的吸水能力差，所以插条上要少留叶片或不留叶片。

（3）扦插苗床的基质应选择质地疏松、通气良好、透水保湿的沙质壤土，生产上常用蛭石、珍珠岩、河沙、泥炭等材料配制成扦插基质。

扦插时较高的地温有利于插条生根，一般白天气温为 21～25℃，夜温为 15℃，土温为 15～20℃比较适宜。扦插后，插床的土壤湿度应保持不低于田间持水量的70%左右，空气湿度以75%~85%为宜。插条在生根的过程中，光照强度对生根也有一定的影响，一般此时要避免强光的直射，中午光线强时或扦插前期需要适当遮阴。

草本植物适应性强，除严寒酷暑外，其他季节均可进行。木本植物扦插可分休眠期扦插和生长期扦插。落叶树大都采用休眠期扦插，如连翘、金樱子、杜仲等。常绿植物多在6—7月进行扦插。在生长期可扦插的中草药植物有枸杞、佛手等。

（二）促进插条生根成活的方法

（1）机械处理。采用环状剥皮、刻伤和缢伤的方法处理插条，然后扦插。这些措施都需在母株的枝条上进行。环状剥皮是在扦插前15~20天，将母株上准备作扦插的枝条基部剥去宽1.5 cm左右的一圈树皮；刻伤是将插条基部第1节与第2节的节间处刻划5~6道伤口，深度达韧皮部；缢伤是在扦插前1~2周将用作插条的枝梢，用铁丝或其他材料绞缢或扎紧。

（2）生长调节剂处理。用生长调节剂处理插条诱导其发根，生产上常用的生长调节剂有萘乙酸、ABT生根粉、吲哚乙酸、吲哚丁酸等，处理方法有浸泡和粉剂蘸粘。具体处理时应根据中草药的种类选择适宜的浓度。

（3）化学药剂处理。一些化学药剂可促使插条发根，常用的有高锰酸钾、醋酸、氧化锰、硫酸镁等。一般采用的浓度为0.03%~0.1%，对嫩枝插条以0.06%为宜。处理时间依据植物种类和生根的难易不同而异，一般容易生根的处理4~8 h，难生根的处理10~24 h。

（4）扦插后的管理。扦插后的管理对插条的生根十分重要，主要应注意加强苗床水分、温度、湿度和光照等方面的管理。扦插可以在塑料大棚、温室等设施中进行，没有条件的也可采用覆盖塑料薄膜保湿、增温。在这些设施中培育的幼苗，在露地移栽前要注意通风炼苗。

四、嫁接繁殖

嫁接繁殖是将一种植物的枝或芽，接到另一种或同种另一株植物的茎或根上，使之愈合生长，形成新的植株个体。供嫁接的枝或芽称为接穗，承受接穗的植株称为砧木。嫁接繁殖不仅能保持中草药的优良性状，加速植株的生长发育，提前受益，而且能增强作物适应环境的能力。例如，山茱萸实生苗需5~6年才开始开花结果，20年后进入盛果期；而嫁接苗只需2~3年即可结果，10年后进入盛果期。

（一）嫁接的方法

根据所嫁接植物的部位，可将嫁接方法分为枝接、芽接、靠接、叶接、鳞茎和块茎的芽眼嫁接等。

（二）技术要求

（1）嫁接繁殖一般在亲缘关系近的中草药中进行。

（2）一般植株在生长健壮、营养器官发育充实、储藏养分较多时，嫁接容易成活。砧木和接穗的生理特性也影响其嫁接的成败，如砧木的根压低于接穗时，嫁接易成活；接穗的含水量过少，不宜成活。例如，桑树接穗含水量低于34%时，嫁接不能成活。

（3）防止接口霉烂而导致嫁接失败。例如，核桃等植物含有较多的酚类物质（如单宁），会阻碍愈伤组织的形成。

（4）嫁接一般在树木萌发前的早春进行，芽接则多选择生长缓慢的时期。例如，华北地区在8月下旬左右嫁接，接芽的组织充实并且活跃，当年就可与砧木愈合成活，翌年春天可发芽成苗；若嫁接早了，当年接芽萌发，冬前不能木质化，越冬时易被冻死。

（5）嫁接时的温度以20~25℃为宜；空气湿度接近饱和；光照要求黑暗，故嫁接处可包扎起来。

（6）嫁接的关键是接穗和砧木两者的形成层须紧密结合，

产生愈伤组织。因此，嫁接技术十分重要，需要学习培训。常用嫁接繁殖的中草药有辛夷、胖大海、罗汉果等。

第二节　种子采收和储藏

一、种子的采收

中草药种子的成熟期因植物种类生长环境不同而差异很大，所以掌握适时采种是保障种子活力的重要措施。一般情况下，多数中草药的种子在充分成熟后才采收，但有些中草药（如白芷、当归等）应采适度成熟的种子，因过熟的种子播种后容易提早抽薹，使产品质量下降。黄芪、油橄榄等种子过熟后往往硬实种子增多或休眠加深。若采收后即播种，则常常采收较嫩的种子播种。凡种子成熟后不会立即脱落者，则待全株的种子成熟后一起收获，如决明等。有的植物种子成熟不一致，并容易脱落，对此应随熟随采，以免损失，如穿心莲、北沙参、远志等。

种子采收后要及时处理，带有果皮的种子要去果皮。例如，商陆、颠茄、人参等用水除去浆果，漂洗干净，阴干；银杏、核桃等去果皮带硬壳晾干；决明、黄芪等荚果和桔梗、党参等蒴果晒干后脱壳留种。

二、种子的储藏

1. 低温干藏

许多寒温带中草药植物的种子，要求储藏在低温－20～10℃、含水量6%～10%的干燥条件下。这些种子的储藏一般为：短期储藏几周至几个月，放置在通风、干燥、常温的室内即可；如遇温度较高、湿度较大的气候，则应把干燥的种子储藏在密闭的容器中，如罐、坛、瓶中，底部放些生石灰或干炭块；若较长期储藏种子，则将种子的含水量降至安全指标，放在密闭容器内，置于冰箱或冰库里，有条件的可以储藏在专门的种子库中。

2. 湿藏

一些短命的中草药种子，如细辛、黄连、肉豆蔻等的种子，一经脱水，立即丧失生活力，它们或属于阴生植物，或是春夏成熟的种子，或原产热带、亚热带植物。储藏这类种子可与湿润的基质混匀，或用尼龙网纱包裹，与沙泥、蛭石、珍珠岩、苔藓等保湿材料层积。许多热带植物的种子用湿润沙子储藏，沙子的含水量在20%左右（用手捏沙不会成团）。

3. 后熟

有些中草药种子具有后熟特性，对它们的处理不仅要保持种子生活力，还要在播种前进行预处理，一般用湿润的沙子储藏。例如，细辛种子沙藏必须是先高温后低温，黄连种子后熟要求一定的低温条件。

第三节　中草药种子繁殖

一、播种前的种子处理

播种前对种子的处理有精选、消毒和催芽等。

（一）选种要求

种子必须是符合纯度（不低于95%）、净度和较高发芽率（不低于90%）要求的饱满健康种子。

（二）精选的方法

精选的方法有风选、筛选、液体比重选。风选即借用风力选留充实、饱满、洁净的种子；筛选是根据种子形状、大小、长短和厚度，选择一种或几种筛孔相适宜的筛子分级筛选，选留充实、饱满的种子；液体比重选指利用种子比重①的不同，采用清水、泥水和盐水选种，留取沉入底部的饱满种子的方法。

（三）消毒

（1）药剂消毒处理。药剂消毒处理包括药剂浸种和拌种，前者是用一定浓度的药剂水溶液浸泡种子达一定的时间进行消毒，常用的药剂有福尔马林、波尔多液、代森锌、农用链霉素等；后者是用粉剂药拌湿种子，常用的药剂有多菌灵、代森锰锌、瑞毒霉素等。药剂消毒应注意所使用药剂处理的浓度、浸种的时间、拌种的均匀和及时播种等，避免产生药害。

（2）温水浸种和热水烫种。对一些种壳厚而硬实的种子如黄芪、甘草等，可用 70～75℃的热水烫种消毒，可杀灭花叶病毒。此方法应注意水的温度和烫种的时间以及不同中草药种子抗高温的性能，以免烫死种子。

（四）催芽

催芽是中草药栽培中常用的提高种子发芽率和整齐度的有效措施。一般常用的催芽方法有浸种催芽、机械损伤种皮催芽和生长调节剂催芽等。

（1）浸种催芽。浸种催芽是将种子放在冷水、温水或冷、热水变温交替浸泡一段时间后，再用潮湿的纱布、麻袋布、毛巾等物包裹种子，每 4～5 h 松动一次包内种子，待种子 70% 裂口或露白时，立即播种。没种催芽的时间和温度因药材的种类和季节而异。

（2）机械损伤种皮催芽。利用细沙或机械将难透水、难透气的种皮搓伤或破口后播种，或浸种后播种。

（3）生长调节剂催芽。常用的生长调节剂有赤霉素、硫脲、吲哚乙酸、ABT 生根粉等，用它们的水溶液浸泡种子可提

① 比重为非标准物理量名称，推荐使用相对密度。

高种子发芽率。常用的硫脲浓度为0.1%，赤霉素浓度为5~100 mg/L。

还可应用磁化水在超声波条件下没种、静电处理等物理措施进行播前的种子处理，不仅能提高出苗率，而且有助于植株生长发育，提高产量。

二、播种

中草药种子大多数可以直接在大田中播种，但有些种子细小，幼苗柔弱，需要特殊管理，有的苗期较长，或在生长期较短的地区引种生长期较长的药材，就需先在苗床育苗后，再移栽到大田里培育。因此，中草药植物的播种可分大田直播、育苗和移栽等阶段。

（一）大田直播

（1）播种期。不同中草药的播种期各异，大多数中草药的播期为春播或秋播，一般春播在3—4月，秋播在9—10月。播种期又因气候带不同而有差异。

（2）播种方法。播种方法一般有条播、穴播和撒播，大田多采用条播和穴播，撒播多用于育苗。贝母、夏骨草等生长期短的中草药，以及平贝母、石竹、荆芥、柴胡等营养面积小的中草药也采用撒播。条播成行，便于后期管理；穴播适用于大粒种子。

（3）播种量。播种量是单位面积土地所播种子的质量。中草药的栽培要求播种量适宜，因为播种量对苗株的数量和质量都有较大的影响，而苗株的数量和质量又会影响中草药以后的生长发育以及产量和质量。

（4）播种深度。播种深度依药材种类、种子大小、土壤质地、温度、水分等因素而定。凡种子发芽时，子叶出土者应浅播，如决明、大黄等；子叶不出土的应深播，如人参、三七等。另外，在寒冷、干燥、土壤疏松的地方，覆土要厚些；在气候温暖、雨过充沛、土质黏重的地方，覆土宜薄。

（二）育苗

（1）露地育苗。露地育苗不用设施直接育苗，常用于木本药材，如杜仲、厚朴、山茱萸等。

（2）保护地育苗。常用育苗设施有玻璃温室、塑料大棚、温床、冷床和塑料膜拱棚。

（3）苗床管理。苗床的管理极为重要，关系到苗株的健壮，其关键是满足幼苗对光、温、水、肥的需要。

（三）移栽

（1）草本植物。喜冷凉的中草药植物，当深度为10cm的土壤温度为5~10℃时可移栽；喜温的中草药植物当深度为10cm的土壤温度为10~15℃时可定植。按规定行距开穴，把秧苗栽于穴中间，覆土并适当压紧，浇水，待水渗下去后，再取细土覆于穴表面。若能带原土移栽更好。

（2）木本植物。一般落叶的中草药植物多在落叶后和春季萌动前进行；常绿的木本药材在秋季或新梢停止生长时移栽。移栽时，将肥料与穴表土相混均匀，一半土填入坑内，培成丘状，将苗木放入坑内，使其根系均匀分布在土丘上；将另一半土分层填入坑内，每填一层都需将土踏实，直到接近地面，然后浇水，待水下渗后，封土成丘状。

第四节　中草药种子的优化

中草药栽培的种类多，但形成品种的种类并不多，目前有品种的仅有人参、地黄、浙贝母、枸杞、红花等少数几种。其中相当数量的中草药由野生种引种驯化而来，由于栽培时间短，种质的野性较强。利用中草药营养器官进行繁殖的药材种类较多，尤其是根和根茎类中草药，随着栽培时间的推移，种质会劣化，所以中草药种子或种质的优化十分迫切和重要。

一、优良种质的选育

对于许多野生变家种或种植地区广的中草药，应广泛收集其种质资源，从中选择品质优良的种质进行繁育推广，为进一步纯化、育种创造条件。

二、良种的提纯复壮和推广

对于栽培历史悠久、用量较大、品种资源丰富的中草药，应注重优良品种的选择和良种的提纯复壮及推广。例如，宁夏枸杞以大麻叶品种最佳，其果大、肉厚、汁多、味甜，但目前宁夏栽培的枸杞中，大麻叶品种枸杞数量有限，尚需要大力推广。

良种提纯复壮的过程为：①原种生产，即生产出与该品种原有性状一致的种子，其标准为：一是性状的典型性，株间整齐一致，纯度高，不低于99%；二是由原种生长出的植株的生长势抗逆性和生产力不降低或略高；三是种子质量好。②原种繁育，即进一步繁殖供种子田用种。③种子田繁殖大田用种。每年繁殖时都要对大田用种去杂和去劣，对种子田用种则进行株选留种，用于翌年繁殖。

三、营养繁殖与种子繁殖相结合

对一些以营养繁殖为主的中草药，除选择优良种进行繁殖外，还要利用其种子繁育优良种子，避免种质劣变、退化。如在地黄栽培生产中，其块茎作为种栽种几年后，需要用该品种的种子繁殖新的种栽种来确保优良性状的延续。

第五节　中草药的引种驯化

一、中草药引种驯化的概念

中草药引种驯化是指野生的中草药通过人工栽培，使其变为家种，或者将中草药引种到自然分布区域以外的新区域生长发育，繁衍后代。中草药引种可分为简单引种和复杂引种。中草药从原分布区引种到与原分布区环境差异小的区域，不需要特殊处理和选育过程，只通过一定的栽培措施就能正常生长发育、开花结果，繁衍后代，保持原植物的遗传性状，这种引种称为简单引种。而如果中草药引种区与原植物分布区自然环境差异大，或植物本身的适应性弱，则需要经过各种技术处理定向选择和培育，使之适应新环境，称为复杂引种。两者合称为引种驯化。

二、中草药引种驯化成功的标准

（1）与原产地比较，引种后植物不需要特殊保护措施亦能正常生长发育，并获得一定的产量。

（2）原有的有效成分及其含量和药效不变。

（3）能用原有的或常规的繁殖方法进行生产。

（4）引种后有较好的经济、社会和生态效益。

三、简单引种法

（一）简单引种法概述

简单引种法，也称直接引种法，指不需经过驯化就可引种成功的引种方法。

在相同的气候带如温带、亚热带、热带内，或环境条件差异不大的情况下，中草药植物可以相互引种。在引种时只要注意采取适当的栽培技术，特别调节温度、水分、光照、栽培周期等，即可获得引种成功。

（二）简单引种法的分类

（1）防寒引种。防寒引种即在较寒冷的地区引种。牛膝、牡丹、商陆、玄参等在冬季经过简单包扎或用土覆盖即可防寒越冬。

（2）控制植株生长发育引种。例如，在北方引种穿心莲，通过调整光照时间，可诱导其开花结果。

（3）利用海拔高度与温度的关系引种。由于温度随海拔高度升高而降低，所以南方高山和亚高山与北方低海拔区域的中草药可以互相引种。例如，云木香从云南维西 3 000 m 的高山地区引种到北京海拔 50 m 的地区，人参从吉林海拔 300～500 m 处，引种到云南丽江海拔 2 000 m 左右的山区均获成功。

（4）改变栽培周期引种。将生长在亚热带和热带的多年生中草药引种到温带地区，其栽培周期变为一年生，如穿心莲、澳洲茄、姜黄、肾茶等。

（5）调整播种期引种。红花在南方的播种期为晚秋，而引种到北方则在早春播种。

（6）采用组织快繁技术引种。例如，铁皮石斛采用组织培养加速种苗繁育，由野生变为家栽。

四、复杂引种法

（一）复杂引种法概述

复杂引种法，也称驯化引种，在气候差异大的不同气候带地区进行中草药的引种，需要对引种中草药进行驯化，使其逐步适应新的环境条件，正常生长发育，繁衍后代，稳定遗传性状。

（二）复杂引种方法

（1）进行实生苗多代选择。通过在引种地区连续多年种植，选育出适应该地区的植株进行繁殖。

（2）逐步驯化。将要引种的中草药分阶段移种到引种区。例如，把热带药用植物萝芙木通过海南、广东北部逐渐驯化移种到浙江、福建。此种方法多用在南药北移，但所需时间较长，因而应用不多。

第三章　中草药规范化栽培

中草药植物栽培制度是发展中草药农业生产的全局性措施。栽培中草药的布局是指在一个单位和地区种植中草药的种类、面积和植物的配置。在栽培中草药时应注意以下几个问题：处理好粮食生产和多种经营的关系，确定中草药合理的种植面积；根据所要种植的植物种类、品种的特性，因地因时进行合理安排和配置；坚持利用和保护相结合，注意提高土壤肥力和环境保护，维持农业生态平衡。

第一节　土壤耕作

一、土壤耕作的概念

土壤耕作是根据中草药对土壤的要求和土壤特性，应用机械的方法改善土壤耕层的结构和理化性状，以达到提高土壤肥力、消灭病虫杂草的目的而采取的一系列耕作措施。

土壤耕作包括翻耕、耙地、耢地、镇压、起垄、作畦、中耕等。

二、中草药植物栽培制度的种类

（一）单作与间作、混作、套种

单作与间作、混作、套种的异同点如表 3-1 所示。

表 3-1　单作与间作、混作、套种的异同点

种类	相同点	不同点	种类举例
单作	在一块田地上	一个完整的生育期间只种植一种中草药	人参、牛膝、当归等
间作		同时或同季节成行或成带状，间隔地种植两种或两种以上的生育季节相近的中草药	玉米和黄连间作
混作		同时或同季节将两种或两种以上的生育季节相近的中草药按一定比例混合撒播或同行播种	果树混漏斗菜，山茱萸混黄芩又间作豌豆或蚕豆等
套种		不同季节播种或移栽两种以上生育季节不同的中草药	小麦和地黄套种，玉米和黄连套种

1. 间作、混作、套作的类型

①间作、混作类型。在中草药与粮食、中草药与蔬菜、中草药与果树、中草药与林木的间作、混作中，一类是在粮食、蔬菜间作、混作中引入中草药植物，如玉米与麦冬或芝麻、桔梗混作等；另一类是在中草药的间作、混作中引入粮食和蔬菜，如芍药或牡丹、山茱萸中引入豌豆或大豆、小豆等，杜仲或黄柏、厚朴等中引入大豆或马铃薯等。

果药间作是在幼龄果树行间间种红花、板蓝根、地黄等；成龄果树内间作喜阴矮秆中草药，如细辛、漏斗菜等。

林药间作，人工造林时在幼树阶段可间种、混种龙胆、防风、北沙参等，在成树阶段或天然次生林可间种、混种人参、三七、细辛、天麻等。

②套作类型。以棉花为主的套作区，可套作红花、王不留行。以玉米为主的套作有玉米套作郁金等。

2. 间作、混作、套种应注意的问题

间作、混作、套种应注意的问题如下。

①选择适宜的植物种类和品种相搭配。在适应性上，要选择喜光和耐阴、喜温和喜凉、耗氮和固氮等植物搭配；在株型方面注意高秆和矮秆、垂直叶和水平叶、深根与浅根植物搭配；在成熟期上，间作、套作中主植物的生育期可长一些，副作物中草药的生育期要短些；在混作中，植物的生育期要一致。此外，一定要选择相互间有促进生长作用的植物进行间作、混作、套作。

②建立合理的密度和田间结构。间作、混作、套作时，其植物要有主次之分，主要植物要占较大比例，其种植密度可接近主植物单作的密度；副植物的比例小，密度小于其单作，但主次植物的总密度要适当。高秆、矮秆植物间作时，高秆植物的行数要少，矮秆植物的行数要多，一般要使矮秆植物的行数与高秆植物的株高相当为宜。

③采用相应的栽培管理措施。在间作、混作、套作情况下，必须精耕细作，加强田间栽培管理措施。应根据中草药品种特性和种植方式调整好播期；做好共生期间的间苗、定苗及中耕除草；根据中草药要求和土地肥力状况而合理增施肥料和灌水，确保间作、混作、套作中草药都获丰收。

（二）轮作与连作

1. 相关概念

①轮作是指在同一块土地上，按照几种植物或不同复种方式的顺序，轮换种植的栽培方法。

②连作是指在同一块土地上重复种植同一种植物的种植方式。

2. 轮作和连作所产生的效应

轮作往往会提高中草药的产量和品质，其缘由主要是田间的生态环境得到改善，能更好地满足中草药生长发育的需求，减少病虫害的发生等。而连作却常常导致中草药产量和质量下降，产生连作障碍。

3. 中草药植物轮作应注意的问题

中草药植物轮作应注意的问题如下。

①叶类和全草类中草药，如菘蓝、荆芥、泽兰等，要求土壤肥沃，需氮量较多，应选豆科和蔬菜为前作。

②用小粒种子进行繁殖的中草药，如桔梗、党参、白术等，因播种覆土浅，易产生草害，故宜选豆茬或收获期较早的中耕植物为前茬。

③轮作时要注意具有相同病虫害的植物不能安排在一起。例如，地黄与大豆有相同的胞囊线虫；枸杞与马铃薯的疫病相同；红花、菊花、金银花等易受蚜虫为害，不宜与产生蚜虫的植物轮作。

④有些中草药的根系分泌物和植株残体中的化合物，它们相互之间会产生克生作用，即抑制生长的作用，这些中草药不宜轮作。

⑤有些中草药因生长年限长，其轮作周期也长，这些中草药可单独安排轮作顺序。例如，人参轮作需 33 年，黄连需 10 年。

三、影响中草药生长发育的土壤因素

土壤由矿物质、有机质、土壤水分、土壤空气组成。这种组成决定了土壤具有孔隙结构的特性。土壤具有抗外界温度、湿度、酸碱性、氧化还原的缓冲能力，是生态环境的“过滤器”和“净化器”。土壤为地上的中草药和地下的微生物提供了一个相对稳定的生长繁衍的环境。

（一）土壤质地和土壤结构

土壤质地和土壤结构是土壤的两项基本物理性质，前者主要显示土壤的粗细和沙黏，后者则反映土壤的松软或紧实。土壤与中草药种植品种的关系如表 3-2 所示。

表 3-2　土壤与中草药种植品种

类型	种植品种	特点
沙质土	仙人掌、甘草、麻黄、肉苁蓉、银柴胡等。有的耐旱、耐瘠、生长期较短的中草药也可种植在沙质的轻沙土上，如芝麻	松散的土壤，沙粒很多而黏粒很少；保水性能差，易干旱；养分含量低，保肥性能差；土体通透性好，养分释放快；昼夜温差大
黏质土	少数中草药适宜在黏土中种植，如泽泻	黏粒含量高而沙粒少；土体紧实、黏结、耕性差；土壤通透性差，保水性能好，不易排水；养分丰富，保肥性能好，肥效慢；昼夜温差小
壤质土	根和根茎类中草药不耐旱且喜肥，如地黄、当归、黄连等	兼有沙质土和黏质土的优点，是比较理想的土壤，其耕性良好，适宜很多植物的生长

（二）土壤酸碱度与中草药的生长

如表 3-3 所示，土壤的酸碱反应是其重要的化学属性之一。不同种类的中草药在生长时，对土壤酸碱范围的要求不同。多数中草药适于生长在微酸性或中性土壤上；也有些中草药比较耐酸，如荞麦、肉桂、白木香、萝芙木等；有的较耐盐碱，如枸杞、红花、甘草等。

表 3-3　部分中草药植物适宜生长的土壤 pH 值范围

中草药种类	pH 值范围	中草药种类	pH 值范围
黄连	5.5 ~6.0	天麻	5.0 ~6.0
人参	5.5 ~7.0	八角茴香	4.5 ~.0
三七	6.0~7.0	五味子	5.5 ~7.0
川芎	6.5 ~7.5	罗汉果	5.0 ~6.0
当归	5.5 ~6.5	肉桂	4.5 ~5.5

（三）土壤酸碱度对中草药生长的影响

土壤酸碱度除对中草药自身有影响外，还会影响土壤微生物的活性及土壤中营养元素的有效性，从而影响中草药对养分的吸收，进而使中草药的生长受到阻碍。如土壤 pH 值为 5.5～7.0 时，中草药吸收氮、磷、钾元素最容易；pH 值大于 7 时，土壤中铁、锰、铜、锌离子的活性明显下降，从而降低了中草药对这些微量元素的吸收利用。此外，在 pH 值小于 5.5 的强酸性土壤中，易产生游离的铝离子和锰离子，过量的铝和锰对中草药的根系有毒害作用。土壤 pH 值的变化与一些土传病害有关，如酸性土壤容易发生立枯病。

（四）土壤肥力与中草药的生长

土壤肥力是指土壤供给中草药正常生长发育所需的水、肥、气、热的能力，它是土壤的基本特性。评价土壤肥力的优劣，一方面要看其每个肥力因素的绝对储备量，另一方面还要看它们的搭配是否合理。

中草药生长发育所需的营养元素有：碳（C）、氢（H）、氧（O）、氮（N）、磷（P）、钾（K）、钙（Ca）、镁（Mg）、硫（S）、铁（Fe）、氯（Cl）、锰（Mn）、锌（Zn）、铜（Cu）、钼（Mo）、硼（B）等。在这些营养元素中，除了由空气供给碳和氧外，其余营养元素均是由土壤提供的。其中氮、磷、钾的需要量大，称为大量营养元素，又称为“肥料三要素”。钙、镁、硫为中量营养元素，而铁、氯、锰、锌、铜、钼、硼等是微量元素。

中草药的种类不同，其吸收养分的种类和数量以及相互间的比例也不同。需肥量大的中草药有地黄、薏苡、大黄、枸杞等；需肥量中等的有酸浆、曼陀罗、补骨脂、贝母、当归等；需肥量小的有莴苣、小茴香、芹菜、柴胡等；需肥量很小的有高山红景天、石斛、夏枯草等。喜氮的中草药有芝麻、紫苏、地黄、薏苡、云木香、薄荷等；喜磷的中草药有荞麦、补骨脂、望江南等；喜钾的中草药有人参、麦冬、山药、芝麻等。在生长发育中，中草药的需肥种类、数量和比例表现出阶段性，如根茎类药材的幼苗期需要大量的氮、适量的磷、少量的钾，到了根茎器官形成期则需大量的钾、适量的磷、少量的氮。花果类药材，幼苗时需氮较多，需磷和钾较少；进入生殖生长后，需磷量大增，吸收氮量减少，若此时供氮过多，致使茎叶徒长，会影响开花结果的时期和数量。

在中草药生长发育的某一时期，对养分需求的绝对量不一定大，但此时若缺乏某种养分，就会明显抑制植株的生长发育，即使以后补充该营养，也很难弥补，这个时期称为营养临界期。例如，磷元素的营养临界期在幼苗期，薏苡 3~4 叶期缺磷会影响其分蘖，使产量显著降低；氮元素的营养临界期往往出现在中草药由营养生长转向生殖生长时期，此时缺氮，会严重影响生殖器官的分化和发育，对于花和果实类中草药产品器官的生长非常不利。

在中草药生长发育的过程中，总有某个时期对养分的需求，无论在绝对数量上，还是吸收速率上都是最高的，此时补充营养的作用最大，增产效果最明显，这一时期称为营养最大效率期。一般以花果为药材的中草药，其营养最大效率期在营养生长和生殖生长两旺时期；以全草为药材的中草药，其营养最大效率期在营养生长旺盛期；以根和根茎为药材的中草药，其氮的营养最大效率期在生长前期，磷、钾的营养最大效率期在根和根茎膨大期。

（五）土壤空气和热量

土壤空气的含量随土壤含水量而变化。通气良好的土壤，其空气组成接近于大气。根和根茎类的中草药植物对土壤的通透性尤其敏感，土壤水分稍有过量或短时渍水都会损伤植株的根和根茎，严重者导致烂根，植株死亡。

土壤热量即土壤温度，土壤温度直接影响中草药根系对水分和矿物质营养的吸收。此外，中草药种子的萌发率和出苗率在一定程度上取决于播种时的土壤温度；萌发和出苗的速度依土温变化而异。对于根和根茎类的中草药，土温直接影响块根和根茎的分化、形成和膨大以及干物质的积累。

四、翻耕

1. 翻耕时间

我国东北、华北、西北等地的耕地时间为春天和秋天，分别称为春耕与秋耕。长江以南一般是随收随耕，多数进行冬耕。

2. 翻耕深度

中草药根系中50%的根量集中在0~20 cm土层内，30%的根量在20~50 cm土体中，有的深根药材，如甘草、黄芪等，其根深可达1 m以上，所以翻耕深度因中草药品种而异。

中草药的一般耕作深度为20~22cm。浅根中草药，如平贝母、半夏、川贝母等，要求耕地深度低于一般耕作深度，为14~18cm，而甘草、黄芪、山药等深根药材则要求耕作深度超过25cm。采用一般农具翻耕土地，深度为16~22cm；用机械耕地，深度可达20~25 cm及30~35 cm。

3. 翻耕注意的问题

（1）深翻时不要把生土一次都翻到表层，要逐年加深，以每年加深2~3cm为宜。深翻与施底肥相结合。此外，深翻不用年年进行，因其有后效。

（2）因时、因地翻耕。耕地时间宜早不宜晚；翻干不翻湿，即土壤含水量高时不耕地，土壤含水在灰墒或黄墒时再翻耕。翻黏不翻沙，即秋耕时，先耕土质黏重的地块，沙质土可不秋耕或隔年秋耕。

（3）秋耕与秋灌及耙、耢相结合。

五、表土耕作

1. 耙地

通常用圆盘耙、钉齿耙、弹簧耙等破碎土垡，平整地面，混拌肥料，耙碎根茬杂草，达到抗旱保墒的目的。

2. 耢地

耢地又称耱地，耙后耱地起到平土、碎土和轻压的作用，在表土构成 2 cm 左右厚的疏松层，下面形成较紧实的土层，可以保墒。

3. 镇压

镇压常用于耙地后或播种后，防止水分过多蒸发，使种子与土壤结合紧密，利于其吸收土壤水分，促进发芽和扎根。

4. 作畦

作畦是中草药生产中常用的土壤耕作方法，其目的在于控制浇水，便于灌溉和排水。常见的有平畦、低畦和高畦。

（1）平畦。平畦的畦面与地面平，不再筑成畦沟和畦面，一般在雨量均匀、排水良好、不需经常浇灌的地区和地块采用。

（2）低畦。低畦的畦面低于田间走道和地面。在雨少或种植需要经常灌溉的中草药时采用。

（3）高畦。在降雨多、地下水位高或排水不良，或种植需要土层厚特别忌渍水的中草药时多采用高畦，如人参、三七、细辛等。

5. 垄作

垄作是在耕层筑起垄台和垄沟，一般垄高 20~30cm，垄距 30~70cm。中草药种在垄台上。垄作的昼夜土温温差较大，利于排水防涝和给中草药培土，促进根系生长，提高抗倒伏能力，还可以改善低洼地的生态环境。

第二节　中草药的田间管理

一、间苗与定苗

间苗工作分两次进行，第一次间苗为除去过密和弱小的幼苗，株距一般是定苗的一半左右。第二次间苗又称定苗，株行距与正常生长的要求相同。通常，间苗宜早不宜迟。结合定苗还要及时进行补苗，把缺苗、死苗和过稀的地方补栽齐全。

二、中耕、培土和除草

1. 中耕、培土

在中草药生长的过程中，通常利用畜力或机械松土，称为中耕。中耕可以松土保墒，增加土壤的通透性；灭除杂草，减少地力消耗和病虫害发生；促进土壤微生物对土壤有机质的分解，提高土壤养分的有效性；抑制土体内的盐分上升。

结合中耕将土培到中草药的基部，俗称培土。培土可保护芽头，如玄参等；增加地温，促进根系生长，提高中草药植株的吸收能力和抗倒伏能力；利于块根块茎的膨大，如玄参、半夏等；利于根茎的形成，如黄连、玉竹等。此外，培土还利于排水防涝。

一般，在中草药的营养生长时期，即中草药植株地上部封垄和地下根茎膨大前中耕 2～3 次，以保持田间表土疏松无杂草为宜。

2. 除草

杂草与中草药争光、争水、争肥、争空间，还传播病虫害，所以中草药栽培特别注重及时清除杂草，这也是提高产量和质量的重要措施。

除草的方法有人工直接除草、机械除草和化学除草等。

三、施肥

施肥技术是中草药栽培的关键性技术，它不仅影响着中草药的生长发育、产量和质量，而且对土壤肥力产生效应，同时对生态环境也有一定的影响。

1. 土壤中施肥的目的

土壤中施肥的目的：一是供给中草药生长发育所需营养元

素，获得人们的目标产品；二是补充中草药从土壤中带走的营养元素，保持和提高土壤肥力，即恢复地力，使土地资源可持续利用。但在实际生产中，人们往往重视前者而忽略了后者，致使土壤肥力下降，从而影响中草药的生长发育及产量和质量。

2. 中草药施肥的特点

中草药不同于其他的农作物，其施肥的特点可归纳如下：

（1）以有机肥为主，化学肥料为辅。中草药多为多年生草本或木本植物，而且根、根茎类中草药占70%左右，它们的生长时间长，因此需要肥效持久、营养全面、对土壤有较好改良作用的肥料，而有机肥恰恰具备这些长处。此外，中草药的整个生长阶段有某些需肥量较多的时期，不同的中草药对某种营养元素的吸收量也有较大差异，可以用肥效快、有效养分含量高的化学肥料来补充有机肥的不足。根据不同中草药的需求，适当追施化学肥料，尤其是磷、钾和微量元素肥料是十分必要和重要的。

（2）以施基肥为主，追肥为辅。中草药的施肥十分重视基肥的施用。追肥是中草药施肥的重要补充手段，生产中也多使用有机的速效性肥料，如腐熟的人畜粪尿、饼肥等。

（3）以土壤施肥为主，根外追肥为辅。中草药的施肥以土壤施肥为主。但随着科学技术的日益发展和普及，根外追肥在中草药上的应用越来越普遍，尤其是果实、花和种子类中草药更重视这种施肥方法。

（4）以提高中草药质量为首，增加产量为其次。对于中草药而言，其质量是首位的，其次才考虑产量。而施肥措施对中草药质量有很大影响，同时对产量亦有很大影响。假如某种施肥措施能大幅度提高中草药质量，即使没有增产效果，也要采用这种措施；反之则不采用。一般来讲，前者肯定能获得高的经济效益，同时也符合《中华人民共和国药典》的要求。

（5）根据中草药营养特点科学施肥。

①有机肥料。有机肥料又称农家肥料。对于中草药而言，有机肥是主要肥源，而化肥是辅助肥源。常用的有机肥种类有粪尿粪和厩肥、中草药秸秆和堆肥、饼粕类肥、绿肥、垃圾肥等。这里需要强调的是，各种有机肥都必须经过腐熟后才能施用。绿肥也是一种重要的有机肥源。

②化学肥料。化学肥料按其营养元素种类的多少可分为单质化肥和复合化肥。

（6）气候因子与施肥。温度、雨量、光照等气候因子可影响中草药对养分的吸收和肥料在土壤中的变化以及肥效发挥的快慢。例如，低温影响中草药对氮营养的吸收，而对磷、钾的吸收影响较小，此时增施磷、钾肥还能提高中草药的抗寒性。雨水过多易造成养分流失，所以雨天不施肥。温度高、土壤干旱，不仅影响中草药的吸收能力，也影响肥效的发挥，此时施肥必须与中草药的灌溉相结合。

3. 施肥方式与技术

（1）中草药的施肥一般有基肥、种肥和追肥。基肥是中草药播种（或定植）前结合土壤耕作时所施用的肥料。基肥一般用量较大，其施用要求是应结合深耕施肥，做到土肥相融。基肥施用方法常有撒施、条施和穴施等。

种肥是播种（或定植）时施于种子附近或与种子混播的肥料。种肥的施用方法应根据肥料种类及具体要求采用拌种、浸种、条施、穴施或沾苗根等方法施用。

追肥是在中草药生长期间施用的肥料。一般多施用速效性化肥，但传统上中草药多用腐熟程度高、肥效快的有机肥。

（2）常用施肥技术。中草药的施肥应借鉴大田作物的施肥经验和技术。常用的施肥技术有配方施肥技术和轮作施肥制度。

四、灌溉和排水

灌溉和排水是田间水分管理技术，其目的为控制和调节土壤水分，满足中草药对水分的需要，提高土壤肥力，改善田间小气候，为中草药创造良好的生长条件，获得高产、优质的中草药。

1. 灌溉分类与特征

灌溉的分类与特征如表 3-4 所示。

表 3-4 灌溉分类与特征

分类		特征
地面灌溉	传统灌溉	包括沟灌、畦灌、淹灌
	喷灌	利用水泵和管道系统，在一定的压力下把水喷到空中，如同降雨一样的灌水方法
	滴灌	利用低压管道系统把水或溶有无机肥料的水溶液，通过滴头以点滴的方式缓慢地滴到植物根部土壤中
地下灌溉		利用埋设在地下的管道，将灌溉水引入田间植物根系吸水层，借助毛细管的作用，自下而上湿润土壤的灌水方法

无论哪种灌溉，都要做到合理灌溉，其原则是依据气候、土壤、中草药植物生长状况确定适宜的灌水和灌水方法，并注意水温、地温、植株体温、气温尽可能达到一致。根和根茎类中草药严禁一次灌水过多或大水漫灌。

2. 排水

在中草药栽培中，田间排水和灌水同等重要，尤其对于根和根茎类中草药更是如此。国内外传统的排水方法都是采用明沟排水。近年来国内外兴起了暗管排水和井排技术，以明沟除涝、暗管排土壤水、井排调节区域地下水位的灌水方式已成为全面排水的发展方向。

五、病虫害防治措施

病虫害防治是中草药栽培的关键性技术，它与产品的质量和产量密切相关。病虫害防治应贯彻以防为主、综合防治的方针。

1. 植物检疫

许多病虫害的传播是通过种子、种苗包装物等远距离传播的，所以，从国外和外地调运种子种苗时，必须进行检疫，确认无检疫对象和主要病虫害后方可调运。

2. 农业防治

（1）合理轮作与间作。合理轮作与间作可以使病菌害虫在存活的期限内得不到寄主而死亡。例如，白术的根腐病和白绢病的病菌能存活 3~4 年，要是与禾本科植物轮作 4 年以上，病菌就会死亡。

（2）深翻土地，清洁田园。深翻土地可直接杀灭病虫，清除并深埋或烧掉病株病叶、田间杂草及植株残体，可以减少侵染的来源，从而大大降低病虫害发生和危害的程度。

（3）其他措施。①调节播种期。调节播种期，错过病虫害大量侵染的时期可有效降低病虫害的危害。例如，北方薏苡适期晚播可减轻其黑穗病的发生。②合理施肥。施肥的种类、数量、时间、方法等对病虫害发生的影响较大。一般来说，氮肥偏多易诱发病虫害，而增施磷、钾肥可提高植物的抗性。例如，红花施用氮肥过多，可诱发并加重炭疽病。③利用植物的抗性。选用抗病虫害的品种可有效减轻病虫害的发生。例如，地黄金状元品种对地黄斑枯病比较敏感，而小黑英品种比较抗病。

3. 生物防治

生物防治是利用生物或其他代谢产物控制有害生物种群的发生、繁殖或减轻其为害的方法。目前主要采用的生物防治方法有以虫治虫、微生物治虫、以菌治虫、抗生素和交叉保护以及性诱剂防治害虫等。

4. 化学防治

应用化学农药防治病虫害仍是目前主要的手段，施用时应注意中草药和环境的安全及对害虫的有效性。一般用糖醋液诱杀黏虫、地老虎等；用毒饵诱杀苗期杂食性害虫；用药剂浸、拌种，杀灭种子所带的病虫。

5. 植物性农药

植物性农药是将植物中具有杀灭病虫害活性的次生物质提取加工而制成的农药制剂。目前已在生产中应用的有苦参碱制剂、蛔蒿素制剂、川楝素制剂等。植物性农药不易产生抗药性，并可以和其他生物措施协同施用，有利于综合防治。植物性农药是今后农药重点开发的领域。

六、其他技术

1. 草本中草药

（1）摘心、打杈。在栽培管理上把摘除顶芽称为摘心或打顶；将摘除腋芽叫打杈。摘心的目的是抑制主茎的生长，促使侧枝生长，茎叶繁茂。例如，菊花以花头入药，摘心后，主茎粗壮抗倒伏，分枝增多，花头也多，提高了产量。许多中草药到生长的中后期都要进行摘心、打杈，如栝楼、何首乌、望江南等。还有一些药材如番红花等，其球茎的腋芽易长小球茎，会影响主球茎的生长开花，也需除去小球茎。

（2）去蕾、摘叶。根及地下茎入药的中草植物，如人参、知母、北沙参、玄参等，进入开花结果年龄后，凡是不需留种的都要将花蕾摘除，以促进地下器官生长发育。

（3）整枝压蔓。

（4）疏花疏果。生产上应用疏花疏果技术培育大果和大籽，提高产品的品质。在中草药中需疏果的有栝楼、罗汉果等。

（5）修根。少数中草药，如乌头、芍药等，在栽培时需要通过修根来提高其产量和质量。一般都是修去侧根和小块根，促进主根生长，使其肥大。

2. 木本中草药

木本中草药的种类很多，以花、果、种子入药的木本中草药的栽培中，整枝修剪是重要的技术措施。它可以促使植株提早开花结果，延长采花、采果和种子的年限，不仅能提高产量，还可以克服大小年。此外，整枝修剪也能减少病虫害，增强抗灾能力。

3. 搭架

对攀援、缠绕、藤本和蔓生的中草药植物，如党参、马兜铃、何首乌、栝楼、五味子等，在其生长期间需要搭架。

4. 遮阴

人参、黄连、细辛、天南星等阴生中草药生长期间需遮阴。

第三节　中草药的适期采收

一、采收期与质量的关系

适期采收对中草药的质量、产量及收获效率均有重要的意义。采收期的确定主要由中草药的种类、入药部位以及生长发育特点和有效成分积累动态变化决定。传统的评价中草药质量的标准注重外观，而现代的中草药质量标准主要指它的有效成分含量，其次是它的外观。

中草药生长发育时期不同，植株及其各器官的有效成分含量也不同。例如，细辛以全草入药，挥发油为主要活性成分，在出苗（4 月）、开花（5 月）、结果（6 月）、果后营养生长期（7—8 月）、枯萎期（9 月）的有效成分含量呈动态变化，其中以开花期含量最高。东北传统的细辛采挖期也在 5 月。一些多年生中草药，其有效成分含量随生长年限而变化，一般生长年限越大，有效成分含量越高，但到达一定年限后，有效成分含量增长开始下降，此时的前一年即为该中草药的采收年限，如人参的采收年限为6年。

尽管药材外观是次要的衡量指标，但有的中草药也常常以此作为采收依据。例如，番红花适期采收则产品色泽鲜红，有油性；早采收，产品呈浅红色，质脆，油性小；晚采收则柱头上的花粉粒为黄色。

二、采收期与产量

中草药采收期和产量的关系与它的生长年限及一年中的生育期相关。人参6年生收获比5年生采收的产量提高20%～30%；7年生收获比6年生的产量只提高10%，却增加了棚料、人工等成本费，因此生产上以收获6年生人参为主。

三、采收期与收获效率

一些果实和种子类中草药，如薏苡、紫苏、芝麻等，其果实易脱落或爆裂，造成减产，所以必须及时采收。枸杞、五味子等浆果类，采收早，果实未成熟，果肉少而硬；采收晚，果实多汁，易脱落和破皮，这些都会影响产品的质量和产量。厚朴、杜仲、肉桂等，多在树液流动时采收，剥皮容易，质量有保证；过早或过晚采收，不仅剥皮费工，质量也会下降。

采收原则要综合考虑，从而确定中草药的适宜采收期。一般而言，有效成分含量具有显著高峰期的中草药，其产品器官产量变化不大，则以含量高峰期作为最佳采收期；有效成分含量变化不显著，但产量有高峰期，则以产量高峰期为最佳采收期；有效成分含量高峰期与产量高峰期不一致时，以有效成分含量高峰期为采收期。

一些含有毒成分的中草药，其毒性成分的含量也常用来确定其采收期。一般要在毒性成分含量低时采收，如照山白。

四、采收方法

对于花、果、叶类及部分种子类中草药，一般用摘取法采收，且采收后注意及时阴干或晾晒。果实类的薏苡以及大多数种子和全草类都用刈割法采收，可一次或分批割取。根和根茎类都采用掘取法采收。皮类中草药采用剥取方法采收，多采用环剥或半环剥。

五、土壤的合理利用和改良

（一）土壤的合理利用

“因地制宜”是合理利用土壤的宗旨。在我国南方气候较冷凉的高山区，有森林植被覆盖，土壤富含腐殖质，土质疏松、排水良好的酸性土壤适宜种植黄连、天麻、杜仲、厚朴、黄檗等；低山区可栽培川芎、何首乌、丹参、郁金等；丘陵地带可种植葛根。我国西部的钙质土壤适于一些耐旱的中草药，如甘草、麻黄、肉苁蓉等，即使为盐碱地，结合改土措施，也能种植枸杞、金银花等耐盐碱的中草药。

（二）不良土壤的改良和利用

（1）农田土的改良和利用。一般农田土原属良好土壤，对于某些中草药却成为不宜土壤，如人参、黄连等不宜种在农田土。为了保护森林资源，必须改变伐林栽参和种植黄连的传统方式。通过对农田土采取休闲整地、熟化土壤、掺沙和增施有机肥等改良土壤措施，使农田土变为通气透水、保水保肥、疏松肥沃的优质土壤，现今人参、黄连已大量种植在农田土壤中。

（2）合理轮作改良土壤。多数中草药都忌连作，在同一土地上，短者1~3年，长者几十年方能再种同一种药材。连作后的植物生长不良，病虫害加重，产量降低，品种劣化。导致连作障碍的因素主要是：土壤的理化性质恶化；某些营养元素缺乏；土壤中病原菌增加；植物的有毒物质或有害化学物质在土壤中积累等。因此，生产上常用换茬来改善土壤的微生态环境，消除或降低连作障碍。例如，当归与小麦、油菜、麻类或绿肥作物等轮作2~3年后可再种当归。轮作时也应注意施肥、调水、药剂消毒等措施的互相配合。

（3）盐碱土的改良和利用。对于盐碱土，除了因地适宜种植抗盐碱的中草药外，还必须对土壤进行一定的改良，其措施有：以排水降低地下水位，防止盐碱物质上升到表土层；灌水洗盐，然后排水；平地深耕，切断毛细管，为脱盐创造条件；增施有机肥或种植绿肥，改善土壤的物理性状，抑制返盐；植树造林，改善田间小气候，减轻地表盐分的积累。

（4）沙土和黏土的改良利用。对土壤进行多次深耕；利用客土法，种植绿肥和增施有机肥改良土壤结构；植树造林固沙，引水放淤压沙；黏土地整修排灌系统，降低地下水位，结合深耕晒垡，加速土壤熟化；种植适宜的中草药。

（5）土壤酸碱性的改善。酸性土壤通常用石灰或石灰粉来调节。碱性土壤的 pH 值没有很有效的降低方法，但在弱碱性的土壤中使用生理性氮肥如硫酸铵，可使根附近土壤微环境的 pH 值有所下降。此外，增施偏酸性的有机肥也可降低弱碱性土壤的 pH 值。

六、道地中草药

“橘生淮北则为枳”是指中草药分布的地域性。生物种的生长绝大多数存在地域性。在一个地域内，各物种之间相互适应、相互制约，共处一个大环境中。某一物种离开原生地，将不能生存或出现变异。生物种的地域性在中草药中反映为道地中草药。

天然中草药的分布和生产，离不开一定的自然条件。因此，天然中草药的生产多有一定的地域性，且产地与其产量、质量有密切关系。古代医药家经过长期使用、观察和比较，发现即便是分布较广的中草药，也因自然条件的不同，各地所产中草药的质量优劣也不一样，并逐渐形成了“道地中草药”的概念。

道地中草药的确定，与中草药的产地、品种、质量等多种因素有关，而临床疗效则是其关键因素。例如，四川的黄连、川芎、附子，江苏的薄荷、苍术，广东的砂仁，东北的人参、细辛、五味子，云南的茯苓，河南的地黄等，都是著名的道地药材，受到人们的称道。道地中草药是在长期的生产和用药实践中形成的，并不是一成不变的。长期的临床医疗实践证明，重视中草药产地与质量的关系，强调道地中草药的开发和应用，对于保证中药疗效起着十分重要的作用。

七、中草药质量控制

中草药质量包括内在质量和外观性状两部分。内在质量指中草药的有效成分。此外，内在质量还包括是否含有农药残留和重金属。中草药的外观性状包括药材整体外形和断面的色泽、质地、大小、形状等。影响中草药质量的因子很多，主要有：①中草药遗传物质的影响；②生长年限的影响；③采收期的影响；④不同药用部位的影响；⑤环境条件的影响，环境条件中的海拔、温度、光照和土壤与中草药的质量密切相关；⑥栽培和加工技术的影响。栽培技术中的选地整地、播种期、肥水管理、植株的整形、病虫害的防治、适时采收等都会对中草药的质量产生影响。中草药加工技术的优劣直接关系到产品内在和外在的质量。

第四章　根类中草药的识别

第一节　人　参

【名称】人参，别名黄参、生晒参、力参、棒槌。人参有野生人参（习称野山参）和栽培人参（习称园参）两种。野生人参目前已很少见，并列为国家一级保护植物，不允许采挖。市场上的野山参，很多是经过人工培育，作为工艺品出售。现在使用的主要是园参。除了园参外，目前还有充山参，是在野外任其自然生长的栽培参。

▲人参

【药用部位】人参的干燥根及根茎作药用。

【形态特征】

根	多年生草本植物。主根肥大肉质，呈圆柱形或纺锤形
茎	直立
叶	掌状复叶。一年生人参只有1片复叶，由三小叶组成，俗称“三花”；二年生人参也长1片复叶，由5片小叶组成，俗称“巴掌”；三年生人参有两片复叶，每个复叶有5片小叶组成，俗称“二甲子”；四年生人参有3个复叶，每个复叶有5片小叶，俗称“灯台子”；五年生人参有4个复叶，俗称“四批叶”；六年生人参有5个复叶，俗称“五批叶”。人参最多有6个复叶俗称“六批叶”
花	伞形花序，单生于茎顶；每株有小花10~60朵，花小，白色或淡黄绿色
果实	核果状浆果，成熟时鲜红色，扁球形，内含种子2粒
花期、果期	花期6—7月，果期7—9月

【产地】主要产于吉林省、黑龙江省和辽宁省。

【性味】味甘，微苦，性温。

【功效】有大补元气，健脾益肾，固脱生津，安神益智的功效。主治劳伤虚损，久病气虚，疲倦无力，食少无力，反胃吐食，气短喘促，心悸健忘，口渴多汗，眩晕头痛，肾虚阳痿，虚脱以及一切气血津液不足之症。

【药材识别】

1. 鲜参

芦头极短，多不弯曲，芦碗疏生在芦头上。主根多为圆柱形，质地较疏松，横纹粗而浅，不连续，上下部均有。

2. 生晒参

外形呈圆柱形或纺锤形，灰黄色。参体有明显皱纹，体坚实，体香特异，味甘，微苦。以黄白色体坚实、皮细有皱纹、横断面色白、折断时无声、没有须根者为佳品。

人参由于加工方法不同，有生晒参、糖参和红参等。下面将园参的种类和商品规格简单介绍。

（1）边条鲜参。分为 8 个等级，以每支的重量为标准。

（2）普通鲜参。分为 7 个等级，以每支的重量为标准。特等：每支重 100 ~ 150g；一等：每支重 62.5g；二等：每支重 41.5g；三等：每支重 31.5g；四等：每支重 25g；五等：每支重 12.5g；六等：每支重 5g。

（3）生晒参。园参加工制成，以除去芦头、支根、须根的鲜园参，经干燥制成。

（4）全须生晒参。以鲜园参干燥制成。

（5）普通红参。鲜园参经蒸制干燥而成，共 18 个等级。

（6）边条红参。园参去掉支根、须根，经蒸制加工干燥而成。

▲生晒人参

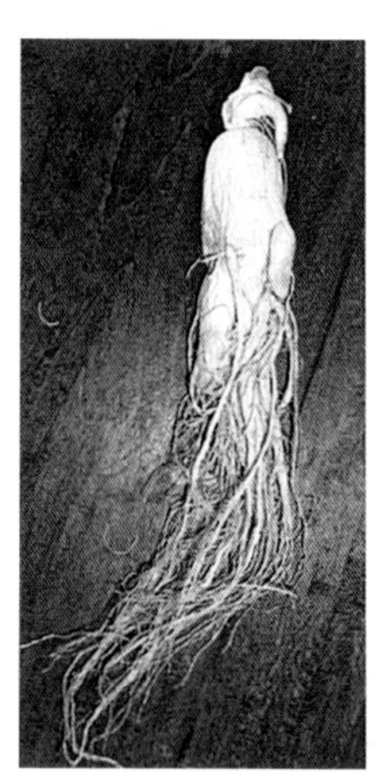

▲全须人参

第二节　百　合

【名称】百合。

▲百合

【药用部位】百合的鳞茎作药用。7—9月枯萎时采收。

【形态特征】

根	多年生草本植物，鳞茎为扁球形或椭圆形，淡白色
茎	直立，植株高70~150cm。常有褐紫色条纹或斑点，光滑无毛
叶	互生。
花	白色，一至数个生于茎顶
果实	蒴果长卵圆形
花期、果期	花期5—8月，果期8—10月

【产地】产于湖南、浙江、江苏、陕西、四川、安徽、湖北等省。河南、青海、河北等省亦有出产。

【性味】性寒，味甘。

【功效】养阴润肺、清心安神功效。用于治疗肺热咳嗽、痰中带血、烦躁失眠、神志不安、鼻出血、闭经等。

▲百合药材

【药材识别】百合长椭圆形，表面类白色，淡棕色或略带紫色。质硬而脆。以肉厚、色白、质地坚实、味苦者为佳品。

第三节　三　七

【名称】三七，又名田三七、田七。目前主要是栽培品。3~4 年后采挖。初秋开花前采挖者为春三七，11 月种子成熟，采收种子后采挖的称作冬三七。

▲三七

【药用部位】三七的干燥根作药用。

【形态特征】

根	多年生草本植物，有横卧的肉质块根，呈倒圆锥形或短圆柱形
茎	茎直立，单生，不分枝。掌状复叶，轮生茎顶
花	伞形花序，顶生，花多数，初夏开花，花小，黄绿色
果实	红色浆果，肾形，内有种子 1~3 粒
花期、果期	花期 6—9 月，果期 11—12 月

【产地】主产于云南、广西壮族自治区（以下简称广西）、四川等省区。

【性味】三七味甘、微苦，性温。

【功效】可以补血，和血。用于失血、贫血等。

【药材识别】圆锥形或圆柱形，长 1~6cm，粗 1~4cm，表面灰褐色或淡黄色，体表有瘤状突起，质地坚实。

▲三七药材

以个大坚实、体重皮细、表面光滑、灰黄色、横断面灰绿色或黄绿色（药材界称其为“铜皮铁骨”）、没有裂隙者为佳品。

第四节　天　麻

【名称】天麻，又名赤箭，明天麻。

▲天麻

【药用部位】天麻干燥块茎。采挖地下块茎后，及时擦去外皮，蒸至没有白心后，晒至半干，再晒干或烘干。天麻是寄生植物，不能自己制造养料。要和密环菌共生，才能得到营养而正常生长。

【形态特征】

根	天麻为多年生寄生草本植物，块茎肥大肉质，长圆形
茎	单生，直立，高 100~120cm，圆柱形，黄赤色
叶	退化成鳞片状
花	总状花序，花黄绿色
花期、果期	花期 5—6 月，果期 6—7 月

【产地】主产于云南、四川、湖北、陕西、贵州等省。东北和华北也有分布。目前已经大量栽培。

【性味】天麻味甘，性平。

【功效】有平肝，熄风，止痉功效。用于治疗头痛眩晕，肢体麻木，半身不遂，小儿惊风，癫痫抽搐，破伤风等。

【药材识别】药材呈椭圆形或长条形，略扁，皱缩而稍弯曲。长 3~15cm，粗 2~6cm。

质地坚硬，不易折断，折断面平坦，黄白色或淡棕色，角质样（像晒干的土豆片）。

以个大、体重、质地坚实、有鹦鹉嘴，横断面角质明亮，半透明者为佳品。

▲天麻药材

第五节　玉　竹

【名称】玉竹。

【药用部位】玉竹的干燥根茎作药用。

【形态特征】

根	玉竹为多年生草本植物。根状茎在地下横着生长，为圆柱形，表皮黄白色，节多，节间长
茎	单一，植株高 30~60cm。单叶，互生
花	1~3 朵，在叶腋生长，花下垂，白色
果实	浆果球形，成熟时紫黑色
花期、果期	花期 4—6 月，果期 7—9 月

【产地】产于湖南、河南、江苏、浙江、安徽、江西、山东、陕西、广东、广西、辽宁、吉林、黑龙江等省区。

【性味】味甘，性微寒。

【功效】有养阴润燥，生津止咳的功效。用于治疗肺胃阴伤，燥热咳嗽，咽干口渴，内热消渴等。

▲玉竹

【药材识别】玉竹呈圆柱形或扁圆柱形，半透明，有明显的环节。

▲玉竹药材

干燥时质地坚硬，容易折断。

以身干、条长、肉厚、黄白色、光润、不泛油者为佳品。

第六节 甘 草

【名称】甘草、胀果甘草和光果甘草。

▲甘草

【药用部位】甘草干燥根和根茎作药用。

【形态特征】

根	多年生草本植物，根及根状茎粗壮，圆柱形，有甜味
茎	直立，高 30~100cm
叶	互生，奇数羽状复叶
花	总状花序，腋生，花密集，花冠蓝紫色或紫红色
果实	荚果长圆形，有时呈镰刀状或环形，密生棕色刺毛状腺体
花期、果期	花期 6—8 月；果期 7—9 月

【产地】商品甘草主要分东甘草和西甘草两类，东甘草主产于我国东北及内蒙古自治区东北部；西甘草主产于内蒙古自治区西部、甘肃南部、青海东部、山西、新疆维吾尔自治区及陕西的北部。以内蒙古自治区伊克昭盟的杭锦旗、巴彦淖尔盟及宁夏的阿拉善旗所产的品质最佳。

【性味】味甘、性平。

【功效】有清热解毒，润肺止咳，调和诸药的功效。炙甘草能补脾益气。用于治疗咽喉肿痛，咳嗽，胃及十二指肠溃疡，肝炎，癔病，痈疖肿毒，药物及食物中毒等。由于其有调和诸药的功效，因此中医有“十方九甘草”之说。

【药材识别】甘草根呈圆柱形，长 20~100cm，直径 0.5~3.5cm。质地坚实。

根茎为圆柱状，表面有芽痕，横断面中部有髓。

以身干、皮细而紧、外皮颜色微红棕色、横断面黄白色，质地坚硬、体重、粉性足者为佳品。

▲甘草药材

浮肿患者慎用。

第七节 龙　胆

【名称】龙胆有四种，即龙胆（粗糙龙胆）、条叶龙胆（东北龙胆）、三花龙胆、坚龙胆。

【药用部位】龙胆的根做药用。商品药材主要是野生植物，目前栽培龙胆草有两种，即龙胆和条叶龙胆。

【形态特征】

植株	多年生草本植物，植株高 50~70cm，根 20~30 条
茎	单一，叶卵形或卵状披针形
花	3~10 朵，蓝紫色，管状钟形
果实	蒴果长圆形或长圆状披针形，内藏种子 5 000 粒以上，种子细小
花期、果期	花期 8—9 月，果期 9—10 月

【产地】野生龙胆分布于黑龙江、吉林、辽宁、内蒙古自治

区（以下简称内蒙古）、新疆、江苏、浙江、江西、福建、湖南、广东北部等省区。条叶龙胆分布于黑龙江、吉林、辽宁、山东、山西、陕西、河南、湖南、湖北、江苏、浙江、安徽、江西、广东、广西等省区。三花龙胆分布于黑龙江、吉林、辽宁、内蒙古等省区。坚龙胆分布于湖南、广西、四川、贵州、云南等省区。

▲龙胆

【性味】味苦，性寒。

【功效】泻肝胆实火，除下焦湿热及健胃。

【药材识别】关龙胆：根呈圆柱形，略扭曲，质脆，容易折断。以根条粗长、黄色或黄棕色、苦味浓、没有碎断者为佳品。

这里需要指出的是，我们平常说的龙胆紫（紫药水），并不是从龙胆中提出的“紫色物质”，它的真实成分是“甲紫”，希望读者不要误解。

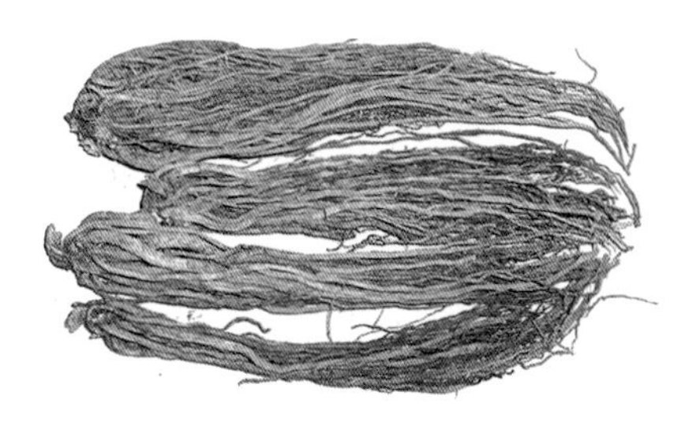

▲龙胆药材

第八节　防　风

【名称】防风。

【药用部位】防风干燥根作药用。

【形态特征】

根	多年生草本植物。根粗长，为圆柱形
茎	单生，高 30~70cm
叶	基生叶丛生，叶片卵形或长圆形，光滑无毛。茎生叶和基生叶相似，较小
花	复伞形花序，花白色
果实	双悬果
花期、果期	花期 8—9 月，果期 9—10 月

【产地】防风分布于我国黑龙江、吉林、辽宁、河北、山东、山西、内蒙古、陕西和宁夏回族自治区（以下简称宁夏）等省区。商品防风以东北出产的最为驰名，其中黑龙江省产量最大，质量好，而该省杜尔伯特蒙古族自治县的“小蒿子防风”更是驰名中外。产于黑龙江省的，称为“关防风”。一般在春季采挖没有开花的防风的根。开花后的防风，不能做药用，药农称其为“母防风”，而没有开花的防风叫作“公防风”。

▲防风

【性味】性温，味辛、甘。

【功效】有解表祛风、胜湿止痉的功效。

【药材识别】根圆柱形或长圆柱形，体轻，质地疏松，容易折断。

以条粗壮、整齐、皮细而紧、质地柔软，横断面黄白色，中心颜色黄者为佳品。

此外，还有不少地区的非正品防风：

▲防风药材

（1）北防风类：小防风（习称硬苗防风），原植物为绒果芹。

（2）水防风类：河南省的水防风为宽萼岩风，陕西的水防风为华山前胡。

（3）云防风类：云南省的竹叶防风为竹叶西风芹、松叶防风为松叶西风芹。

（4）川防风类：四川省万县、涪陵、宜宾、泸州等地的川防风为竹节前胡。

（5）西北防风类：青海、宁夏、甘肃的某些地区用葛缕子的根作为防风，习称小防风或马英子。

第九节　西洋参

【名称】西洋参，也叫洋参、花旗参、美国人参。

【药用部位】西洋参的根作药用。目前主要是栽培的，栽培6年后，秋季采挖，洗净，晒干为原皮西洋参。如果晒干后，又喷水湿润，擦去外皮，再用硫黄熏，再晒干后，根颜色变白起粉，称为粉光西洋参。

【植物形态】

根	多年生草本植物。根为肉质，纺锤形
茎	直立，茎高25~60cm
叶	掌状复叶。每个复叶由5枚小叶组成，小叶片倒卵形或长卵圆形，较薄，膜质
花	伞形花序，顶生，花多数。绿白色
果实	浆果状核果，成熟时鲜红色
花期、果期	花期6—7月，果期7—9月

【产地】西洋参原产北美洲加拿大南部和美国北部，主要靠进口。自1975年以来，我国大力发展西洋参栽培，已在吉林、辽宁、黑龙江、陕西、江西、贵州、云南、安徽、福建、河北、山东等省引种栽培成功。

【性味】性凉，味甘，微苦，气特异。

【功效】有补气养阴，清热生津的功效，主要用于阴虚火盛，久咳肺痿等。

【药材识别】西洋参根纺锤形或圆柱形。表面黄褐色或黄白色，体重，质地坚实，不容易折断。

▲西洋参饮片　　▲西洋参药材

以体轻、横纹细密、气清香者为佳品。由于西洋参价格昂贵，一些不法商人，以人参冒充西洋参，应注意鉴别。人参主根长，支根多，主根上部环纹不明显，有不规则粗大的纵皱纹；体较轻；折断后粉性强；气特异，味微苦。如果切成薄片，一般人很难鉴别，但从价格上可以明显区分。如切片在 60 元/kg，则大多数为人参的切片。

第十节 何首乌

【名称】何首乌，又名首乌、赤首乌、地精。

▲何首乌

【药用部位】何首乌的干燥块根作药用。秋季茎叶枯萎时采挖，洗净，晒干即可。

【形态特征】

根	多年生草质藤本植物。块根肥大，质地坚硬，形状不规则
茎	细长，茎藤长可达3m以上，上部大多分枝
叶	单叶互生，叶片呈心形
花	圆锥花序，顶生或腋生，花小而多，白绿色
果实	瘦果椭圆形，黑色，包在翅状花被中
花期、果期	花期7—9月，果期8—10月

【产地】产于四川、河南、湖北、江苏、贵州、广东、广西等省区。此外山东、浙江、安徽、湖南、福建、云南等省也有出产。目前何首乌主要是栽培品。

【性味】性温，味苦，甘、涩。

【功效】生何首乌有解毒消痈，润肠通便等功效，用于治疗瘰疬疮痈，风疹瘙痒，肠燥便秘，高脂血症；制首乌有补肝肾，益精血，乌须发，强筋骨的功效，用于治疗血虚萎黄，眩晕耳鸣，须发早白，腰膝酸软，肢体麻木，崩漏带下，久疟体虚，高脂血症等。

【药材识别】药材呈团块状或不规则纺锤形，长6~15cm。块根表面红棕色或红褐色，体重，质地坚实，不容易折断。

以质重、坚实、外皮红棕色、粉性足、横断面黄棕色、有梅花状纹理者为佳品。

▲何首乌药材

关于何首乌有一段很有趣的故事。在《图经本草》一书中，引用李翱所著《何首乌传》，介绍了为什么把它叫作何首乌。相传唐人何首乌的祖父体弱多病，到了58岁还没有子嗣，于是就进山修道，一日正在山中休憩，忽有仙人指着一株植物，说可以治疗他的病，醒来见到一株植物，两藤相交，根大无比，挖出后，研成细末，用酒调服，数月后，身体逐渐强壮，头发也变黑了，且连生数子，于是改名叫能嗣。他的儿子名叫延秀，也服用此药，活到160多岁，何首乌也照方服用，活到130岁，头发还是乌黑。乡里乡亲服用后，也都健康长寿。于是大家就把这种植物叫何首乌。

由于有这种传说，近些年来，有些人就宣传在某某地方发现了百年何首乌，很像人形，而且还是男女一对，甚至有些媒体也在宣传，还附有照片。其实，在自然界中没有传说的百年，甚至千年的何首乌，更没有酷似人形的何首乌，那些何首乌都是人们加工而成。特别是在一些旅游区，一些人把假的何首乌根上面插上何首乌的地上部分，冒充几十年的何首乌，高价出售。笔者就在张家界遇到过这种情况。因此请读者不要轻信，以免上当受骗。

第十一节　刺五加

【名称】刺五加又名老虎钉子、刺拐棒、五加参。

▲刺五加

▲刺五加茎

【药用部位】刺五加的根、根茎和地上茎均可作药用。根在春秋两季采挖，去掉泥沙，洗净，晒干即可。目前多用地上茎，一般在秋季割取地上部分，趁鲜剁成小段，晒干即可。

【形态特征】

植株、茎	落叶灌木，高可达 2m。生有多数脆弱的刺。老枝灰褐色，密生细刺，幼枝黄褐色，叶有密生的细刺
叶	掌状复叶，互生，散生针状细刺或无刺；小叶 5 枚，小叶片椭圆状倒卵形至长圆形
花	伞形花序，呈球形，单一或 3~4 个集生于枝的顶端；花为杂性花或雌雄异株；雄花的花瓣为淡紫色，雌花的花瓣为淡黄色
果实	浆果状核果，成熟时紫黑色，近球形；内有种子 4~6 枚
花期、果期	花期 6—7 月，果期 8—9 月

【产地】刺五加分布于黑龙江省的小兴安岭、张广才岭、老爷岭和完达山脉等地区，吉林省的长白山、安图、抚松、通化、吉林市龙县等地，辽宁省的桓仁、本溪、宽甸、铁岭、海城等地，尤以黑龙江省分布最广。

刺五加原为东北地区民间药，1972—1973 年黑龙江省中医药研究所在防治慢性支气管炎的研究中，发现它有良好的扶正固本作用，经过深入的研究并借鉴俄罗斯等国外的资料，证明刺五加有类似人参的作用，是一种典型的适应原药物，因此加以开发。

【性味】味微苦，稍涩。

【功效】益气健脾、补肾安神、祛风除湿、强筋壮骨、活血去瘀、补中益精、强意志、健胃利尿的功效。用于治疗神经衰弱，失眠，多梦，高血压症，低血压症，冠心病，心绞痛，高脂血症，糖尿病，风湿，腰腿酸痛，气腹痛，半身不遂，阳痿，女子阴痒，食欲不振等。

【药材识别】

1. 茎

圆柱形，直径0.3~2cm，长短不一，切段者，多为2~5cm。表面黄褐色至灰褐色，无刺或有疏刺，或密被针状刺，刺灰褐色。质硬而脆，易折断。有特异香气，剥皮时尤为显著，以香气浓者为佳。

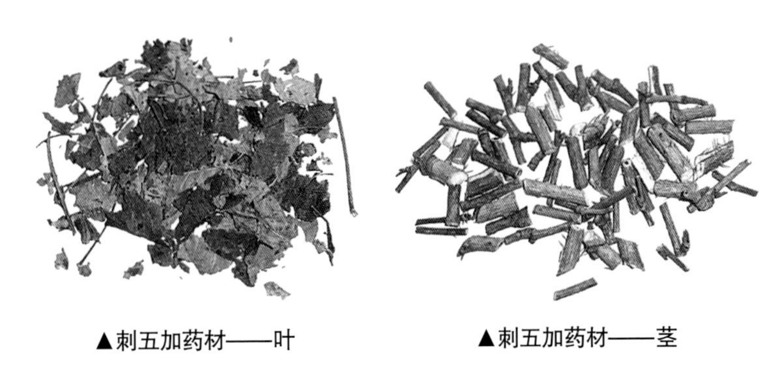

▲刺五加药材——叶　　▲刺五加药材——茎

2. 叶

不规则皱缩团块或碎片，大小不一，黄绿色至暗绿色；有残断的叶柄，直或弯曲，长短不一，味微苦而稍涩。

混用品：短梗五加。短梗五加是五加科植物短梗五加的根和根茎，以及地上茎。

伪品：刺老芽。刺老芽是五加科植物龙芽楤木的根。

第十二节　板蓝根

【名称】板蓝根、菘蓝。

▲菘蓝

【药用部位】菘蓝的根作药用，称为板蓝根。叶也做药用称大青叶。目前商品主要为栽培品。栽培 1~2 年采收。秋季采挖，晒干即可。

【形态特征】

根	二年生草本植物，主根深长，长 20~50cm，圆柱形，外皮灰黄色
茎、叶	植株高 50~100cm。第一年植物只有基生叶，叶较大，有柄；叶片长圆状，椭圆形，蓝绿色，肥厚。第二年抽薹并长出茎，茎粗壮。茎生叶无柄，叶片长圆形至长圆状倒披针形，互生，抱茎
花	总状花序，顶生，再聚合成复总状花序；花黄色
果实	短角果长圆形或倒卵圆形，扁平，边缘有翅，成熟时黑紫色；种子 1 枚
花期、果期	花期 4—5 月，果期 5—6 月

【产地】我国野生菘蓝分布在黑龙江、吉林、辽宁、河北、山西等地。目前栽培的菘蓝主要在黑龙江、吉林、辽宁、河北、河南、江苏、甘肃、内蒙古等省区。

【性味】味苦，性寒。

【功效】清热解毒、凉血利咽的功效。用于治疗温毒发斑、舌绛紫暗，痄腮，丹毒，疖肿等。

【药材识别】板蓝根呈圆柱形，稍微有些扭曲，长可以达到 10～20cm，粗 0.5～1cm；根表面灰黄色或淡棕黄色，有纵的皱纹；体坚实，质地略软，干后容易折断，味微甜而后苦涩。以身干、条长均匀，质油润者为佳品。

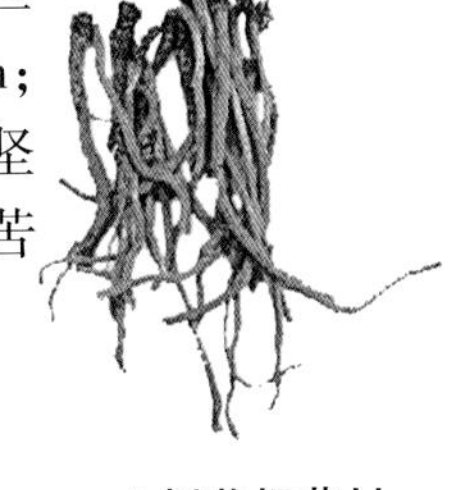

▲板蓝根药材

第十三节　穿山龙

【名称】穿山龙，又名穿地龙。

▲穿山龙

【药用部位】穿龙薯蓣的干燥根茎作药用，称穿山龙。春、秋两季采挖，除去须根和外皮，晒干即可。

【形态特征】

根	多年生草本植物。根状茎横走（在地下横着生长），长可以达到 2～3m，木质，多数有分枝，外皮黄褐色，常呈片状剥离
茎	缠绕茎，细长，经常缠绕在其他植物上
叶	单叶，互生，叶片卵状或广卵圆形，5～7 浅裂
花	雌雄异株，花小，黄绿色，雄花序为复穗状花序，腋生雌花序单一，下垂
果实	蒴果卵形或椭圆形，有 3 个突出的翅，果实成熟时为黄褐色
花期、果期	花期 6—7 月，果期 8—9 月

【产地】产于黑龙江、吉林、辽宁、河北、内蒙古、山西、陕西等省区。

【性味】味甘、苦，性温。

【功效】祛风湿，止痛，舒筋活血，止咳平喘，祛痰。用于治疗风湿性关节炎，闪腰岔气，慢性支气管炎，咳嗽气喘等。

【药材识别】药材类圆柱形，弯曲，常有分枝，长 10～15cm，粗 0.5～2cm；表面黄白色或棕黄色，有纵沟，质地坚硬。以根茎粗长、土黄色、质地坚硬者为佳品。

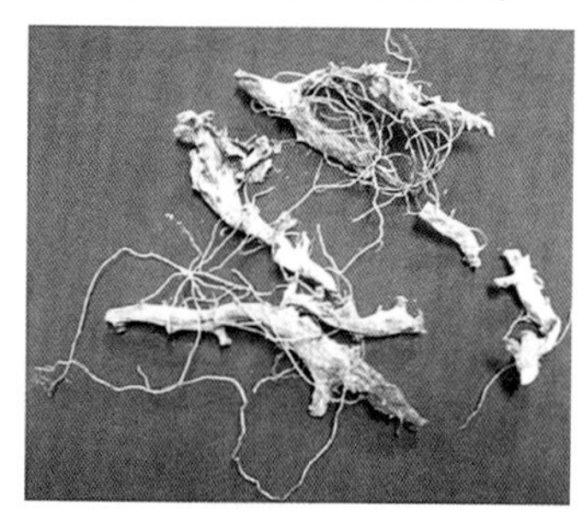

▲穿山龙药材

第五章　全草类中草药的识别

第一节　马齿苋

【名称】马齿苋，又名马齿菜、酸味菜。

▲马齿苋

【药用部位】马齿苋的干燥全草作药用。夏、秋两季采挖，除去残根及杂质，洗净，略蒸或烫后，晒干即可。

【植物形态】

茎	一年生草本植物，肉质多汁。茎平卧或斜生
叶	互生，叶柄极短，叶片倒卵圆匙形，光滑，肥厚而柔软
花	3~5 朵簇生于枝端，花黄色
果实	蒴果，种子细小，黑褐色
花期、果期	花期 6—8 月，果期 7—9 月

【产地】常见于田间及荒芜地，我国各地均有分布。

【性味】味酸，性寒。

【功效】清热解毒，凉血止血。用于热毒血痢、痈肿疔疮，湿疹、丹毒、虫蛇咬伤、便血、痔血、崩漏等。

【药材识别】药材多皱缩卷曲，经常缠绕成团。茎圆柱形，表面黄褐色，有明显皱纹，叶容易破碎，完整的叶片呈倒卵形。花小，3~5 朵生于枝条的顶端，花黄色。

以完整、叶多、青绿色、没有杂质者为佳品。

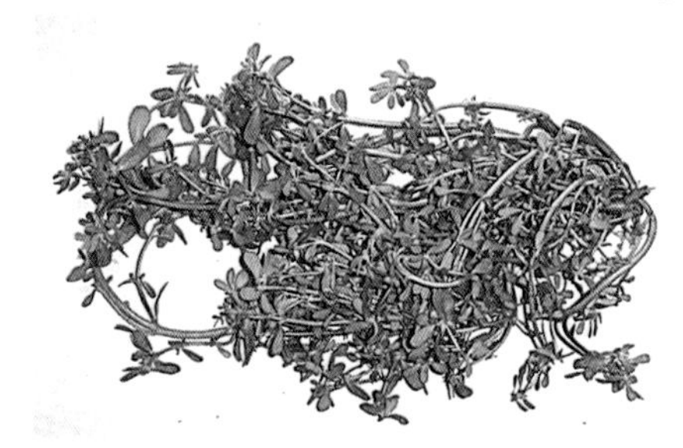

▲马齿苋药材

第二节　车前草

【名称】车前草、车轱辘菜。

▲车前草

【药用部位】车前草的干燥全草作药用。夏季采挖，除去泥沙，洗净，晒干即可。

【形态特征】

根	多年生草本植物。根茎短而肥厚，下面生长多数须根
叶	基生，成丛，有长而粗壮的叶柄，叶片广卵形和椭圆状卵形
花	穗状花序，花淡绿色
果实	蒴果膜质，卵状圆锥形，小，长仅有 3mm 左右
花期、果期	花期 6—7 月，果期 7—8 月

【产地】我国各地均有分布。以安徽、江西、江苏等省产量最大。

【性味】味甘，性寒。

【功效】清热利尿，祛痰、凉血、解毒。用于治疗水肿尿少，热淋涩痛，暑湿泻痢，痰热咳嗽，吐血衄血，痈肿疮毒等。

【药材识别】车前草根丛生，须根，叶基生，具长柄，叶片皱缩。用水泡开后，叶片呈椭圆形或宽卵形。穗状花序，有数条，花茎长，蒴果盖裂，萼片宿存。气微香，味微苦。

以身干、茎长、叶片完整、颜色灰绿、没有杂质者为佳品。

▲车前草药材

第三节　冰凉花

【名称】冰凉花，又名福寿草、侧金盏花。

▲冰凉花

【药用部位】侧金盏花的干燥全草作药用。初春花开时采挖，挖去带根全草，洗净，去掉泥沙，晒干即可。

【形态特征】

根	多年生草本植物。根茎短而粗，簇生许多黑褐色须根
茎	开花初期高 5~15cm，以后可以长到 30~40cm，单一生长
叶	2~3 回羽状全裂复叶，第一回裂片有长柄，最终裂片披针形或线状披针形
花	早春雪融化时，和新叶开放的同时，在茎顶着生一个金黄色花，因此有冰凉花之称。花径 2~4cm。金黄色
果实	聚合瘦果，生长在球状花托上，全体呈球形
花期、果期	花期 3—4 月，果期 5 月

【产地】主产于黑龙江、吉林、辽宁 3 个省。是早春开花植物。一般在 4—5 月开花。

【性味】味苦，性平。有小毒。

【功效】强心利尿，镇静及减慢心率。用于治疗心悸，水肿，癫痫，急性和慢性心功能不全等。

【药材识别】冰凉花根茎短粗，长 1～3cm。密生多数细根，呈疏松团状，根长 3～8cm；表面黄棕色或暗褐色，稍有皱纹。茎细弱；黄白色。叶多皱缩卷曲或破碎。花黄色，质脆，容易破碎。

以根多、叶多、没有杂质者为佳品。

▲冰凉花药材

第四节　列　当

【名称】列当、黄花列当。

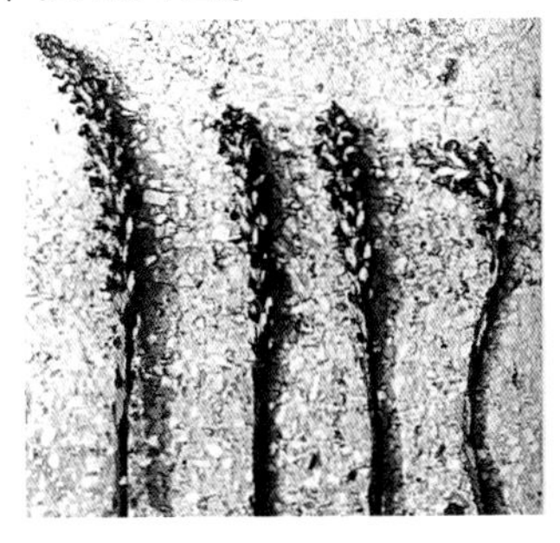

▲列当

【药用部位】列当的干燥全草作药用。4—6月采挖全草，除去泥沙，洗净，晒干即可。

【形态特征】

根	一年生寄生草本植物，根状茎肥厚
茎	直立，单一，高15~35cm，全株有白色茸毛，肉质粗壮，黄褐色或暗黄褐色
叶	单叶，互生，鳞片状，披针形或卵状披针形，长8~20mm
花	穗状花序，花密集在茎顶；花蓝紫色，大，长可以达到1.5~2cm
果实	蒴果卵状椭圆形，长约1cm
花期、果期	花期5—6月，果期6—7月

【产地】产于黑龙江、吉林、辽宁、陕西、河北等省。

【性味】味甘，性温。

【功效】补肾，强筋骨。用于治疗肾虚、腰膝冷痛，阳痿，遗精等。

【药材识别】列当茎肥大，肉质，有白色柔毛。表面呈褐色或暗褐色，有纵向的皱纹，茎顶端膨大，鳞叶为黄棕色。

▲列当药材

花序暗黄褐色。气微，味微苦。以身干、茎肉质、粗壮、红褐色者为佳品。

第五节　肉苁蓉

【名称】肉苁蓉，又名大芸、寸芸。

▲肉苁蓉

【药用部位】肉苁蓉带鳞叶干燥的肉质茎作药用。春季幼苗尚未出土或刚刚出土时采挖，除去花序、泥沙，切成小段，晒干即可。

【形态特征】

茎	多年生寄生草本植物，高 40～160cm。茎肉质，扁平，单一或有分枝，下部宽 5～15cm，向上逐渐变细
叶	鳞片状，多数，螺旋状排列，淡黄褐色，叶没有叶柄
花	穗状花序，长 15～50cm，花黄白色、淡紫色或边缘淡紫色，干时变为棕褐色
果实	蒴果卵形，褐色，种子多数，微小，有光泽
花期、果期	花期 5—6 月，果期 6—7 月

【产地】产于内蒙古、新疆维吾尔自治区（以下简称新疆）、陕西、甘肃等省区。

【性味】味甘、咸，性温。

【功效】补肾阳，益精血，润肠通便。用于治疗腰膝痿软，阳痿，筋骨无力，肠燥便秘等。

▲肉苁蓉药材

【药材识别】药材扁圆柱形，稍弯曲；长 3～15cm，粗 2～8cm。表面棕褐色或灰棕色，上面密布众多的肉质鳞叶；体重，质地坚硬，不容易折断。

以条粗大、肉质、棕褐色、质地柔韧滋润者为佳品。

混淆品：管花肉苁蓉是列当科植物管花肉苁蓉的带鳞片的肉质茎。呈纺锤形、扁卵圆形等不规则形，表面暗红色和灰黄棕色。质地坚硬而无韧性。

第六节　蒲公英

【名称】蒲公英，又名黄花地丁、婆婆丁。

▲蒲公英

【药用部位】蒲公英带根全草作药用。春季至秋季在花初开时采挖，去掉泥沙、杂质，洗净，晒干即可。

【植物形态】

根	多年生草本植物，全株有白色乳汁。根圆锥形，外皮黄棕色
叶	基生，呈莲座状，叶柄短，和叶片不分，基部两侧扩大成鞘状，大头羽状分裂，表面深绿色，背面淡绿色
花	基部抽出花葶，长 20cm，直立，中空，带紫红色。头状花序，单生，花舌状，黄色
果实	瘦果，倒披针形，暗褐色，喙长 10mm，顶端扩大，冠毛白色，长约 7mm，细软
花期、果期	花期 5—6 月，果期 6—7 月

【产地】我国大部分地区均有生长，可以采挖。

【性味】味苦、甘，性寒。

【功效】清热解毒，消肿散结，利尿通淋。用于疔疮毒肿，乳痈，目赤，咽痛，湿热黄疸，热淋涩痛等症。

【药材识别】药材皱缩卷曲团状，根圆锥形，多弯曲，长 3~7cm。叶皱缩，破碎。完整叶片为倒披针形，绿褐色或暗灰色。头状花序，花黄褐色或淡黄白色。气微，味微苦。以身干、叶色灰绿、根完整、花黄、没有杂质者为佳品。

▲蒲公英药材

第七节　连钱草

【名称】连钱草，又名金钱草、活血丹。

【药用部位】连钱草干燥全草作药用。春、秋两季采挖，除去泥沙，洗净，晒干即可。

【植物形态】

根	一年或二年生草本植物，根直生，较粗，圆柱状纺锤形
茎	多年生草本植物。茎梢直立，四棱形，有分枝
叶	茎下部叶较小，上部者较大，肾状心形或心形
花	轮伞花序，腋生，花 2 朵，淡蓝色、蓝色或淡紫色
果实	4 个小坚果，长圆状卵形，深褐色
花期、果期	花期 5 月，果期 6 月

【产地】产于江苏、浙江、广东、广西、四川、湖南、福建等省区。

【性味】味苦、辛，性微寒。

▲连钱草药材

【功效】利湿通淋，清热解毒，散瘀消肿。用于热淋、石淋、湿热黄疸、疮痈肿痛、跌打损伤等。

【药材识别】药材多皱缩成团。茎细长，四棱形，脆弱，容易折断。叶片呈皱缩状，灰绿色，叶片揉后有香气。味微苦。以叶片多、颜色发绿、完整者为佳品。

第八节　鱼腥草

【名称】鱼腥草、蕺菜。

▲鱼腥草

【药用部位】鱼腥草干燥地上部分作药用。夏季茎叶茂盛时采收，除去泥沙，洗净，晒干即可。

【植物形态】

茎	多年生草本植物，高 15~50cm。全株有鱼腥味，茎下部伏地生长，节上生根，茎上部直立，常带有紫红色
叶	互生，叶片心形或宽卵形，下面常为紫红色，有许多腺点
花	穗状花序，生于茎顶，和叶对生，花小而密，没有花被，总苞白色
果实	蒴果卵形，种子多数，卵形
花期、果期	花期 5—7 月，果期 7—9 月

【产地】产于江苏、浙江、江西、安徽、四川、云南、贵州、广东、广西等省区。

【性味】味辛，性微寒。

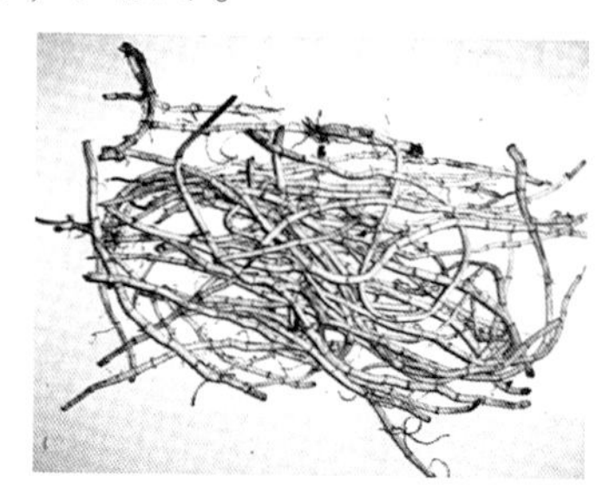

▲鱼腥草药材

【功效】清热解毒，消肿排脓，利尿通淋。用于肺痈吐脓，痰热喘咳，痈肿疮毒及呼吸道感染，尿路感染，慢性宫颈炎等。

【药材识别】药材极皱缩，茎呈扁圆柱形，扭曲，表面棕黄色，有数条细的纵棱。节明显，下部节间有残留的须根；质地脆弱，容易折断。

穗状花序，黄棕色，揉搓后有很浓的鱼腥味；味微涩。以叶片多、绿色、有花序、鱼腥气味浓者为佳品。

第九节　绞股蓝

【名称】绞股蓝，又名七叶胆、五叶参、小苦药。

▲绞股蓝

【药用部位】绞股蓝的干燥全草作药用。春秋两季当茎长至2~3m时，割取地上部分晒至半干，再扎把继续晒干即可。

【形态特征】

茎	多年生草质藤本植物。根状茎在地下横走，长50~100cm，节上生有须根。地上茎细长，可以达到1~1.5m，呈蔓状，攀缘，茎上有短毛
叶	互生，有鸟趾状小叶3~9片，小叶长圆形或披针形，中间的小叶较长，两边的小叶逐渐变小
花	雌雄异株，圆锥花序，腋生或者顶生。单性花，黄色
果实	浆果球形，成熟时为黑色
花期、果期	花期7—9月，果期9—11月

【产地】产于陕西、四川、广西、广东、江西等省区。目前在广东、山东已有大面积栽培。

【性味】味苦，性寒。

【功效】清热解毒，止咳祛痰，益气健脾。用于肺热咳嗽，痰多气促，食少乏力，传染性肝炎、肾盂肾炎等。

【药材识别】

1. 茎

细长，可以达到1~2m。茎有棱和卷须，表面棕色或暗棕色，茎卷须2裂。

▲绞股蓝药材

2. 叶

多卷缩，泡开后为鸟趾状复叶，小叶 5~7 片，膜质。

3. 花

圆锥花序腋生，花小，黄褐色。

4. 果实

浆果球形，成熟时黑色。以茎长、叶多、色绿、没有杂质者为佳品。

第十节　益母草

【名称】益母草，又名茺蔚、坤草、益母蒿。

▲益母草

【药用部位】益母草的干燥地上部分作药用。夏、秋季花还没有完全开放时，割取地上部分，晒干或趁鲜时切段晒干即可。

【形态特征】

茎	—年生或二年生草本植物，高可以达到1.5m。根木质化。茎直立，四棱形，上部分枝
叶	基生叶有长柄，叶柄长可达15cm；茎生叶对生，下部叶片掌状3裂，茎上部叶羽状全裂，或者浅裂成3或更多的长圆形至线形裂片
花	轮伞花序，花多，可有8~15个，集生在枝上部的叶腋间，花粉红色或淡紫红色
果实	小坚果倒卵状椭圆形，有3个棱，黑褐色
花期、果期	花期7—8月，果期8—9月

【产地】我国大部分地区均有分布，可以采收。目前已经有栽培。

【性味】味苦、辛，性微寒。

【功效】活血调经，利尿消肿。用于月经不调，痛经，经闭，产后瘀血腹痛，水肿尿少，急性肾炎水肿等。

【药材识别】药材方棱柱形，顺直，四面凹陷呈纵沟；切段的茎长2~3cm，表面黄绿色或灰绿色，密被茸毛，棱及节处更多；质轻而韧。叶片交互对生，有叶柄，叶片灰绿色，大多已经皱缩，破碎。轮伞花序，腋生，花淡紫色。气微，味微苦。以质嫩、叶多、颜色灰绿色、没有杂质者为佳品。

▲益母草药材

第六章　叶类中草药的识别

第一节　银　杏

【名称】银杏。

银杏

【药用部位】银杏干燥叶作药用。6—9月采收，除去杂质，晒干即可。

【产地】目前栽培的银杏叶主要在浙江、江苏和山东等省。

【性味】味甘、苦、涩，性平。

【功效】敛肺、平喘、止痛。

【功用】用于肺虚咳嗽、冠心病、心绞痛等。

【药材识别】药材黄绿色，贮存一段时间后变为浅土黄色，常常破碎或折叠。完整的叶片为扇形，上宽下窄，上缘微波状，中央浅裂或深裂，叶基广楔形，叶脉从基部射出，呈数回二分叉脉。质轻，容易撕裂。气清香，味微涩。以颜色黄绿、不破碎者为佳品。

银杏药材

第二节　苦丁茶

【名称】大叶冬青、苦丁茶。

▲苦丁茶药材

【药用部位】大叶冬青或枸骨干燥叶作药用，称为苦丁茶。夏季采叶，晒干，即为苦丁茶。

【形态特征】常绿乔木，高达 20m，树皮灰黑色。叶厚革质，矩圆形或卵状矩圆形，边缘有尖锯齿。雌雄异株。花多数排列成假圆锥花序，球果直径 0.7cm，红色或褐色，花期 4—5 月。

【产地】产于江苏、浙江、福建、广西等地。

【性味】味苦，性寒。

【功效】清凉、消炎、利尿、平肝和祛风。用于治疗风热头痛，齿痛，痢疾等。民间用于提神醒脑、清热降火、生津止渴、解毒消炎、去腻醒酒、利尿强心、止泻镇痛、去痧利喉、降压减肥等，常饮可延年益寿。

【药材识别】药材叶椭圆形，叶片厚，革质，无茸毛。鲜叶光泽性强，墨绿色。嫩芽叶制成的茶，外形粗壮，卷曲，无茸毛。气无，味微苦。以色绿、没有枝条掺入者为佳品。

第三节　侧柏叶

【名称】侧柏、柏树、扁柏。

▲侧柏

【药用部位】侧柏干燥枝梢及叶作药用。夏秋两季采收，阴干即可。

【形态特征】

植株	常绿高大乔木，高可以达到10~20m，胸茎可以达到1m。树皮薄，浅灰褐色
叶	鳞叶，紧抱枝条上，两面都是绿色，成对互生
花	单性，雌雄同株，雌雄花均单生在小枝顶端；雄球花黄色，卵球形，雌球花近球形，成熟后木质化，开裂，红褐色
种子	褐色，椭圆状卵形，长约3mm
花期、果期	花期4月，果期9—10月

【产地】我国大部分地区均有出产。

【性味】味苦、涩，性寒。

【功效】凉血、止血、生发、乌发。用于吐血、衄血、咯血、便血、崩漏下血、血热脱发、须发早白等。

【药材识别】药材多卷缩，略呈筒状，展开后呈菱状长椭圆形，有光泽，两面均为绿色，日久会变成黄色或灰色；表面光滑，对着太阳光照看，可以看见许多透明的小腺点；叶片厚，质地脆弱，易裂，气香，味苦。

以叶片嫩绿、少枝梗、没有杂质者为佳品。

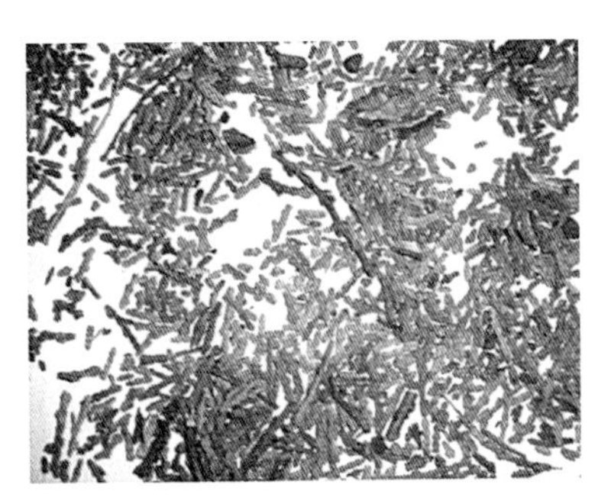

▲侧柏叶药材

第四节　紫苏叶

【名称】紫苏。

▲紫苏

【药用部位】紫苏干燥叶（或带嫩枝）作药用。夏季茎叶茂盛时，采收叶片，晒干即可。

【植物形态】

植株	一年生栽培草本植物，高 1m，有香气
茎	直立，四棱形，紫色或绿紫色，多分枝，有紫色或白色长柔毛
叶	单叶，对生，有长柄，密被长柔毛；叶片圆状卵形至卵形，紫色或仅背面紫色
花	轮伞花序，组成偏向一侧的顶生或腋生总状花序，花序长可达 15cm，密被长的柔毛，花红色或淡红色
果实	小坚果 4 个，近球形，灰褐色
花期、果期	花期 7—8 月，果期 8—9 月

【产地】全国各地均有栽培。主产于湖北、河南、四川、江苏、广西、广东、山东、浙江、河北、山西等省区。

【性味】味辛，性温。

【功效】发散风寒，行气和胃。用于风寒感冒、头痛、咳嗽呕吐、妊娠呕吐、中鱼蟹主毒等。

【药材识别】药材皱缩卷缩，完整者用水泡开后，呈卵圆形，两面紫色或上面绿色、下面紫色，疏生灰白色毛，叶柄紫绿色。气芳香，味微辛。

以身干、叶大、叶完整、色紫、香气浓者为佳品。

▲紫苏叶药材

第五节　满山红叶

【名称】兴安杜鹃、鞑子香。

【药用部位】兴安杜鹃作药用干燥叶。夏秋两季采摘，阴干即可。

【植物形态】

植株	半常绿灌木，高 1~2m，小枝细而弯曲，有鳞片和柔毛
叶	单叶，互生，叶柄长 3~5mm，叶片长椭圆形，近革质，芳香
花	花 1~4 朵，粉红色
果实	蒴果长圆形，长 8~12mm
花期、果期	花期 4—5 月，果期 7 月

【产地】产于黑龙江、吉林、辽宁、内蒙古等省区。

【性味】味辛、苦，性温。

▲兴安杜鹃

【功效】止咳祛痰。用于治疗急、慢性支气管炎，支气管哮喘等。

【药材识别】药材多反卷成筒状，有的皱缩破碎，叶片泡开后，为椭圆形或倒卵形，长 2~8cm，宽 1~3cm；全缘，上表面暗绿色至褐绿色，散生，浅黄色，腺鳞叶片近革质，气芳香特异，味微苦，辛。

以身干、叶厚、色深绿、少有破碎者为佳品。

▲满山红药材

第七章　皮类中草药的识别

第一节　白鲜皮

【名称】白鲜、八股牛。

【药用部位】白鲜干燥根皮作药用。北方夏秋两季采挖，南方夏季采挖。挖出根后洗净，除去须根，趁鲜纵向剖开，抽去木心，晒干即可。

【植物形态】

植株	多年生草本植物，高可以达到1m。全株有特殊的气味
根	根数条丛生，长圆柱形，有强烈的羊膻气味，外皮灰白色或近乎灰黄色，内面白色
茎	直立，下部为灌木状
叶	奇数羽状复叶，互生，小叶通常9片，有时可以达到13片，小叶片卵形至椭圆形，叶柄及叶轴两侧有狭翼，在阳光下观看叶片可以看见密密的油点
花	总状花序，顶生，花淡红色，有淡红紫色的条纹
果实	蒴果卵圆形，成熟时开裂
花期、果期	花期4—7月，果期6—8月

【产地】产于黑龙江、吉林、辽宁、内蒙古、河北、山西、河南、山东、甘肃、四川、贵州、江苏、浙江、安徽等省区。

▲白鲜

【性味】味苦，性寒。

【功效】清热燥湿，祛风解毒。用于湿热疮毒、黄水淋漓、湿疹、风疹、疥癣、黄疸尿赤等。

【药材识别】药材卷筒状，长5~15cm，厚0.2~0.5cm。表面灰白色，有细的纵皱纹及细根痕；内表面米白色，质脆。迎光时可以看见闪烁的小亮点。有羊膻气，味微苦。

以身干、条大、肉厚、颜色灰白、折断面分层明显、没有木心者为佳品。

▲白鲜皮药材

第二节　杜仲

【名称】杜仲、丝绵皮。

【药用部位】杜仲干燥树皮作药用。生长15年以上的树，才可以取皮。在4—6月剥取，刮去粗皮，堆置，发汗至内皮层呈紫褐色，晒干即可。

【植物形态】

植株	高大乔木。株高10~20m。树干挺直，树皮灰色。折断时有白色胶丝
叶	单叶，互生，长7~8cm。叶片卵状椭圆形，深绿色，有光泽
花	雌雄异株，花单性，没有花被，花先叶或和叶同时开放，雄花线形；雌花有短柄
果实	小坚果，有翅，长椭圆形，内含种子1枚
花期、果期	花期3—4月，果期10—11月

【产地】产于四川、贵州、陕西、湖北、云南等省区。目前江西、浙江、广东、广西、甘肃、河南也已经栽培。

【性味】味甘，性温。

【功效】补肝肾、强筋骨、安胎。用于肾虚腰痛、筋骨无力，妊娠漏血，胎动不安，高血压，风湿性关节炎等。

▲杜仲叶

▲杜仲药材

【药材识别】药材扁平，板片状或两边稍向内卷的块片，大小不一，厚3~7mm。外表淡棕色或灰褐色，有明显的皱纹；内表面暗紫色，光滑。质脆，容易折断，横断面有细密银白色、有弹性的橡胶丝相连，胶丝长达1cm。气微，味稍苦。

以皮厚，块完整，没有粗皮，横断面白丝多内表面黑褐色者为佳品。

第三节　牡丹皮

【名称】牡丹皮。

【药用部位】牡丹干燥根皮作药用。目前多为栽培。秋季采挖根，除去茎叶、细根，剥取根皮，晒干，称原丹皮。将根外皮刮去的，叫作刮丹皮。

【植物形态】

植株	多年生木本植物。植株高0.8~1.5m。茎短粗，皮黑灰色
叶	二回三出复叶，互生，纸质，宽大，叶片表而深绿色，背面粉白色
花	单生在茎顶，有红、白、粉、紫等多种颜色
果实	蓇葖果，成熟时开裂。果实上密生短柔毛，成熟时黄褐色。种子黑褐色
花期、果期	花期4—6月，果期6—7月

【产地】产于安徽、四川、甘肃、陕西、湖北、湖南、山东、贵州等省。

【性味】味苦、辛，性微寒。

▲牡丹

【功效】清热凉血，活血散瘀。用于治疗温毒发斑，吐血衄血，夜热早凉，无汗骨蒸，经闭痛经，痈肿疮毒，跌打损伤等。

【药材识别】药材筒状或半筒状，有纵剖开的裂缝，向内卷曲，外表面灰褐色，内表面淡灰黄色或淡棕色，常见发亮的结晶。质硬而脆，容易折断，气芳香，味微苦而涩。

以条粗，肉厚，横断面色白，粉性足，香气浓者为佳品。

▲牡丹皮药材

第四节 黄柏皮

【名称】黄柏皮，又名黄檗、黄柏。

【药用部位】黄檗和黄皮树茎皮作药用。前者习称为“关黄柏”，后者习称为“川黄柏”。5—6 月采收。

【植物形态】

植株	落叶乔木，高 10～15m，有的可达 26m。树冠浓密，广卵形。枝条粗壮，直立或稍开展。树皮浅灰色或灰褐色。木栓质发达，平均厚约 3cm，柔软，内皮鲜黄色，厚约 6mm，味苦
叶	奇数羽状复叶，对生，有 7～15 对小叶，小叶卵状披针形或长圆状披针形
花	圆锥状花序，花单性，雌雄异株，淡绿色
果实	浆果状核果，球形，初时橘黄色，成熟后为紫黑色
花期、果期	花期 5—6 月，果期 9 月中旬至 10 月

【产地】（1）黄檗分布于黑龙江、吉林、辽宁等省，北京、河北、内蒙古、山西等省区市也有少量分布。

（2）黄皮树分布于湖北省、湖南省西南部、四川省东部、贵州省和云南省。

▲黄柏药材

【性味】味苦，性寒。

【功效】清热燥湿，泻火除蒸，解毒疗疮。用于湿热泻痢、黄疸、带下、脚气、盗汗、遗精等，外用疮痈肿毒、湿疹、瘙痒、口疮、黄水疮、烧烫伤。

【药材识别】药材片状。表面灰黄色或淡黄色，内表面淡黄色或黄棕色。体轻、质地较坚硬。味极苦。

两种黄柏均以皮厚、颜色深黄、没有粗皮者为佳品。

▲黄柏

第五节　椿树皮

【名称】臭椿、苦木。

【药用部位】臭椿根部或树干内皮作药用。春季采收，挖取树根，刮去外面粗皮，以木棒轻轻捶之，使皮部与木部松离，剥取内皮，仰面晒干即可。

【形态特征】

植株	高大乔木，高可以达到20m。树皮光滑，有灰色斑纹
叶	奇数羽状复叶，长40~60cm，小叶13~25片，有叶柄，披针状卵形
花	圆锥花序，长10~20cm。花小，多数，白色稍带绿色；杂性或雌雄异株
果实	翅果，长圆状纺锤形，长3~5cm，淡红褐色或黄绿色
花期、果期	花期4—5月，果期9—10月

【产地】产于浙江、江苏、湖北、河北等省。其他省区也有出产。

▲臭椿果实

【性味】味苦、涩，性寒。

【功效】清热燥湿，收敛止带，止泻，止血。用于湿热泻病，久泻久痢，崩漏，便血等。

【药材识别】药材为不整齐的块状或长卷形。厚薄不一，外表面灰黄色或黄褐色，有不规则的纵横裂纹；内表面淡黄白色，较平坦，质地轻松，气微，味淡。

以皮厚、片大、颜色棕红、去粗皮者为佳品。

▲椿树皮药材

1. 椿皮合剂

组成：椿树皮 50g，大枣 50g，蜂蜜 90g。

制法：将椿树皮和大枣洗净，椿树皮切丝，加入适量清水，再把炼熟蜂蜜加入，煎煮 30min，即可。

服用方法：拌白糖冲服，睡前一次服下。

功用：用于痔疮。

2. 椿皮煮鸡蛋

组成：新鲜椿皮 250g，鸡蛋 1 个。

制法：将椿皮洗净，刮掉外面黑皮，与鸡蛋一起放入锅内同煮，煮熟后即可。

服用方法：早晨空腹食用，每日 1 次，连服 4 日。

功用：用于痢疾。注意一定要选用鲜树皮，若刨到新鲜椿树根效果更佳。

第八章　花类中草药的识别

第一节　月季花

【名称】月季花，月月红。

【药用部位】月季干燥花作药用。全年采收，在晴天早晨花半开时采摘，阴干或低温干燥即可。

【植物形态】

茎	多年生矮小灌木，高 0.5～1.5m。茎直立，圆柱形，有粗壮略带钩状的皮刺
叶	奇数羽状复叶，互生，小叶 3～5 枚；叶柄和叶轴散生皮刺和短腺毛
花	数朵簇生，花红色或玫瑰色，花多为重瓣花
果实	蔷薇果，卵圆形或梨形，成熟时红色
花期、果期	花期 5—9 月，果期 8—11 月

【产地】产于河北、山西、陕西、江苏、安徽、河南、湖南、湖北、广东、四川、贵州、云南等省。其他省份也有出产。

▲月季花

【性味】味甘，性温。

【功效】活血、调经，消肿解毒。用于月经不调，痛经，跌打损伤，血瘀肿痛等。

【药材识别】药材类球形，直径1.5~2.5cm。有的夹杂有散的花瓣；花托长圆形，棕紫色。花瓣呈覆瓦状排列，紫红色或淡紫红色；雄蕊多数黄色，雌蕊有毛。体轻，质地脆弱，容易破碎。气清香，味淡，微苦。

以身干、完整不散瓣、色紫红、气清香、没有杂质者为佳品。

▲月季花药材

第二节　玉米须

【名称】玉米须。

【药用部位】玉米干燥花柱和柱头作药用。夏秋两季果实成熟时收集，除去杂质，晒干即可。

【产地】我国大部分省份都有栽培。

【性味】味甘，性平。

【功效】利尿，泄热，平肝，利胆。用于乳痈，吐血衄血，脚气，肾炎水肿，黄疸性肝炎，高血压胆囊炎，胆结石、糖尿病等。

【药材识别】药材线状或须状，长 15 ~ 20cm，最长可达 30cm，集结成团。多为淡黄色或棕黄色，有光泽。气微，味微甜。

以身干，须长，玉米须黄褐色，没有杂质者为佳品。

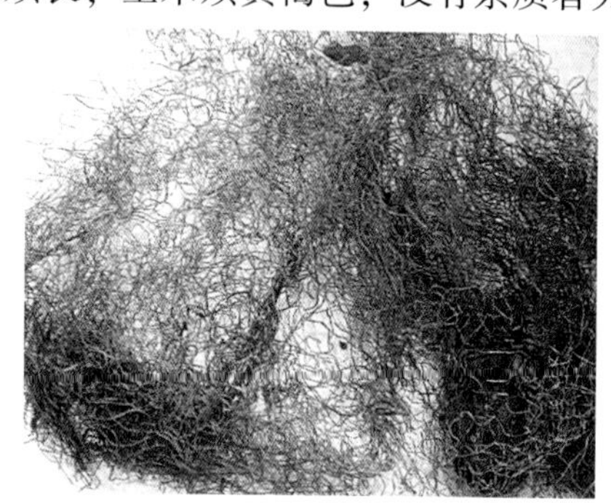

▲玉米须药材

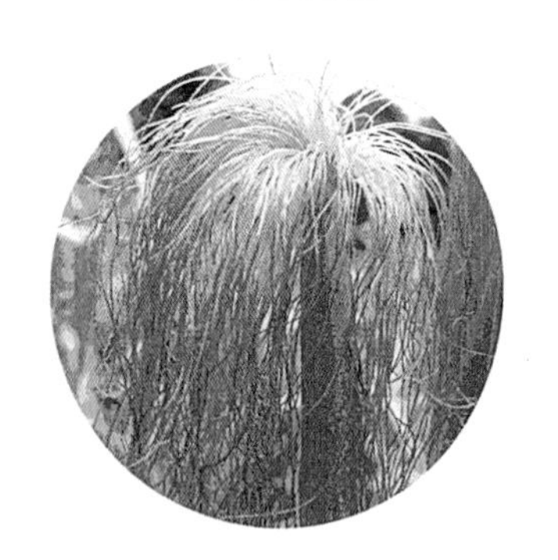

▲玉米须

第三节 红 花

【名称】红花。

【药用部位】红花干燥花作药用。夏季花由黄变红时采摘，阴干或晒干即可。

【形态特征】

茎	一年生草本植物，茎直立，株高 80～150cm，全株光滑无毛，下部木质化，上部多分枝
叶	单叶互生，无叶柄，基部略抱茎；叶片长椭圆形或卵状披针形
花	头状花序顶生，管状花，总苞片叶状，边缘有锐锯齿；花冠红色或橘红色
果实	瘦果，倒卵形，白色，通常有四棱
花期、果期	花期 5—8 月，果期 6—9 月

【产地】红花原产埃及。在我国已有 2 000 多年的栽培历史。现全国各地均有栽培，主产区为河南、浙江、四川、新疆、河北、安徽等省区。

【性味】味辛，性温。

▲红花

▲红花药材

【功效】活血化瘀、通经、消肿止痛。用于痛经、经闭、子宫瘀血作痛、冠心病、心绞痛、跌打损伤、瘀血作痛等。

【药材识别】药材为管状花，长1~2cm，皱缩弯曲，成团或散在。表面深红色或鲜红色，微带黄色，花冠筒状细长。质地柔软。气微香，味微苦。

以花冠筒长，颜色红黄，鲜艳，质地柔软，有香气者为佳品。

放置水中2~3min，水变成金黄色，花不褪色。伪品水浑浊，花褪色，杯底有泥土状物。

第四节　合欢花

【名称】合欢花，夜合花。

【药用部位】合欢干燥花序作药用。夏季花初开放时选择晴天采收。

【形态特征】

植株	落叶乔木，高可以达到10m以上。树干灰褐色
叶	二回羽状复叶，互生，小叶10~30对，没有叶柄
花	头状花序，腋生或顶生；花淡红色，雄蕊长25~40mm，花丝细长，上部淡红色，高出花冠管外
果实	荚果扁平长条形，黄褐色
花期、果期	花期6—8月，果期8—10月

【产地】产于浙江、安徽、江苏、四川、河南、河北、湖北等省。

【性味】味甘，性平。

【功效】解郁安神。用于治疗心神不安，忧郁失眠等。

▲合欢花

▲合欢花药材

【药材识别】药材皱缩成团，花细长而弯曲，淡黄棕色至淡黄褐色，有短的花梗；雄蕊多数，花丝细长，黄棕色至黄褐色。气微香，味微淡。

以花淡黄棕色、花梗短者为佳品。

第五节　鸡冠花

【名称】鸡冠花。

▲鸡冠花

【药用部位】鸡冠花干燥花序作药用。秋季花盛开时采收，晒干即可。

【植物形态】

植株	一年生草本植物，高可以达到90cm。茎直立，往往带红色
叶	单叶，互生，有长柄，长圆状卵形或卵状披针形，长5~10cm
花	花轴呈带状，上缘为鸡冠状，有多数小鳞片，下部两面密生多数小花，花的颜色有红、黄、白色和杂色
果实	胞果，广椭圆状卵形
花期、果期	花期7—9月，果期9—10月

【性味】味甘、涩，性凉。

【功效】收敛止血，止带，止痢。用于吐血、崩漏、便血、痔血、久痢不止等。

【药材识别】

1. 花

穗状花序，大多扁平而肥厚，呈鸡冠状，长8~25cm，宽5~20cm，上缘宽，有皱褶，密生线状鳞片，下端渐窄，常残留扁平茎。表面红色、紫红色或黄白色；中部以下密生多数小花，宿存的苞片及花被片均成膜质。

2. 果实

果实为盖裂果，种子扁圆形，黑色。以朵大、色泽鲜艳者为佳品。

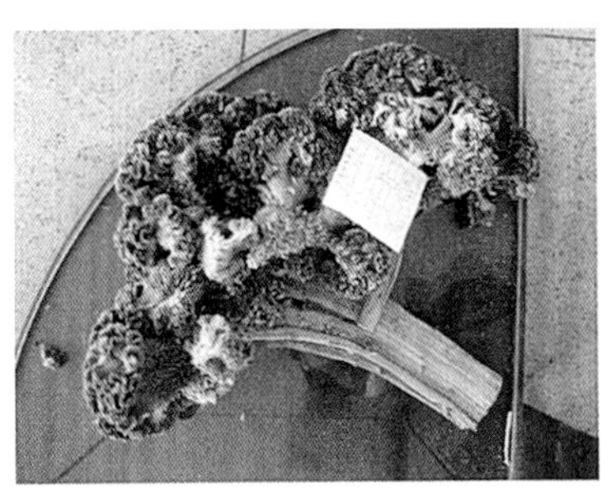

▲鸡冠花药材

第六节　茉莉花

【名称】茉莉花。

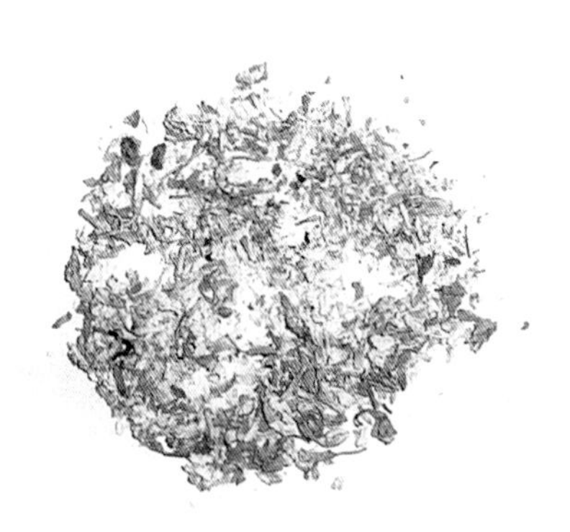

▲茉莉花药材

【药用部位】茉莉干燥花作药用。7 月前后开花时，选择晴天采摘，晒干即可。

【植物形态】

植株	多年生常绿灌木，高可以达到 1m
叶	对生，叶片椭圆形或广卵形，全缘，近光滑
花	聚伞花序，顶生，花大，白色，芳香，夏季开花最盛，秋季也开花
果实	浆果，紫黑色
花期、果期	花期 7—8 月，果期 8—9 月

【产地】我国各地均有栽培，主产于江苏、四川、广东等省。

【性味】味辛、甘，性温。

【功效】理气、开郁、和中。用于下痢腹痛，目赤肿痛，疮毒等。

【药材识别】药材鲜时白色，干后黄棕色至棕褐色，花冠筒基部的颜色较深。没有开放的花蕾全体紧密结合成球形。气芳香，味涩。

以纯净、洁白、香气浓郁者为佳品。

目前市场上有将茉莉花作为罗汉果花出售的。读者务必注意，不要上当受骗。

第七节　松花粉

【名称】马尾松、油松。

【药用部位】马尾松、油松和其他松树干燥花粉作药用，称为松花粉。春季开花时，采摘花穗，晒干，收集花粉，除去杂质即可。

【产地】产于浙江、江苏、辽宁、吉林、湖北等省。

▲松雄球果

【性味】味甘，性温。

【功效】燥湿，收敛，止血。用于湿疹、黄水疮、皮肤腐烂、外伤出血等。

【药材识别】药材为黄色细粉，用放大镜观察，可以看到均匀的小圆粒，体质轻飘，容易飞扬，用手捻有滑润感，气微，味淡。显微镜下观察花粉粒为椭圆形，表面光滑，两侧各有一个气囊。以体轻、匀细、色淡黄、没有杂质者为佳品。

▲松花粉

第八节　金莲花

【名称】金莲花、旱地莲、旱金莲。

▲金莲花

【药用部位】金莲花干燥花作药用。夏季开花时采摘，除去杂质，阴干即可。

【植物形态】

茎	多年生草本植物。茎直立，基部有旧叶纤维
叶	基生叶有叶柄，叶柄长约 20cm，茎生叶 2~3 枚，叶片近五角形，茎上部叶没有叶柄，叶片较小，5 全裂
花	1~2 朵，生在茎顶或分枝顶端，花大，金黄色，直径可以达到 3.5~4.5cm，萼片呈花瓣状，花形近似喇叭，多数，线形
果实	蓇葖果集合成头状，内向纵裂
花期、果期	花期 6 月，果期 7—8 月

【产地】我国北方大部分省区均有出产，以山西、甘肃等省为主产区。

【性味】味苦，性寒。

▲金莲花药材

【功效】清热解毒，抗菌消炎。用于上呼吸道感染、扁桃体炎、咽炎、急性中耳炎、口疮、疔疮等。

【药材识别】药材不规则状，通常带有灰绿色花柄，长1.5cm，萼片多数，有10～16片，似花瓣状，金黄色；花瓣多数，条形，淡黄色；雄蕊多数，淡黄色，雌蕊多数，具短喙；棕黑色，体轻，疏松，气芳香，味微苦。

以花完整、不散瓣、气芳香者为佳品。

第九章　果实种子类中草药的识别

第一节　一口钟

【名称】一口钟、蓝桉、云南白树球。

▲一口钟药材

【药用部位】蓝桉的成熟果实作药用，称为“一口钟”，果实成熟像“钟”故称为“一口钟”。秋季果实成熟时采摘，晒干即可。

【植物形态】

植株	高大乔木，高可达 20m
叶	单叶，全缘，革质叶分为幼态叶和成熟叶，幼态叶对生，小，心形或阔披针形，成熟叶在树冠处生长，互生，通常下垂，形大而粗糙，披针形、线形或镰刀形
花	伞形花序，花白色
果实	蒴果，半球形，成熟时 4 瓣裂
花期、果期	花期 6 月，果期 9—10 月

【产地】产于我国西南贡山等地区。

【性味】味微苦，性平。

【功效】补脾健胃，活血补血，舒筋通络，祛风利温。用于咳嗽、胃痛、胃炎、十二指肠溃疡、头晕头痛、气管炎、妇科病等。

【药材识别】药材半球形，直径 1～1.2cm。灰棕色或浅棕色。下表面凸起，上表面扁平，有一个十字形的开口，味辛，性温。以干燥、硬实、色灰棕为佳品。

第二节　山核桃

【名称】山核桃、胡桃楸。

▲山核桃

【药用部位】核桃楸的干燥种仁作药用。10 月下旬，当外果皮由深绿色转为淡黄色，外果皮开裂，少量果实脱落时采收，晒干，将硬核砸开，取出种仁。

【植物形态】

植株	高大乔木，高达 25m，树皮灰色，有纵沟裂。枝条髓部灰褐色层状薄片。侧芽下部有形似猴面状大的叶痕
叶	对生，奇数羽状复叶，长可达 1.25m，小叶 9～17 片，长圆形或卵状长圆形，叶片背面密生茶褐色细柔毛
花	单性，雌雄同株，雄花序为葇荑花序，下垂，先叶开放，绿色；雌花和叶同时开放
果实	核果，卵形，先端尖，外果皮绿色，核坚硬，暗褐色，先端尖，种子有薄片状隔膜
花期、果期	花期 5—6 月，果期 7—9 月

【产地】分布于黑龙江、吉林、辽宁、河北、山西、内蒙古、陕西、甘肃、青海等省区。主产于黑龙江、吉林等省。

▲山核桃药材

▲核桃

【性味】味甘，性温。

【功效】敛肺定喘，温肾润肠。用于体质虚弱、肺虚咳嗽、肾虚腰痛、便秘、遗精、阳痿、尿路结石、乳汁缺少等。

【药材识别】药材由2片呈脑状的子叶组成。大多数已经碎断，不规则。表面深褐色，种皮较厚，横断面黄白色，富含油脂，味稍甜。

以肉厚、种仁深褐色、没有油脂溢出者为佳品。

第三节　三棵针

【名称】三颗针，又名大叶小檗、黄芦木。

▲三棵针药材

【药用部位】大叶小檗成熟果实作药用。秋季果实成熟时采摘，晒干即可。

【植物形态】

植株	多年生小灌木，高可达 2m。树皮暗灰色
叶	5~7 枚簇生于刺腋底短枝上，叶片质地较薄，几乎没有叶柄，倒卵状椭圆形或倒披针状椭圆形
花	总状花序，下垂；花淡黄色
果实	浆果椭圆形或倒卵形，长约 1cm，成熟时红色
花期、果期	花期 5—6 月，果期 8—9 月

【产地】产于陕西、青海、甘肃、河北、黑龙江、吉林等省。

【性味】味苦，性平。

【功效】健肠胃、消炎、清热解毒。用于高血压、咳嗽、感冒、肠胃炎、痢疾、消化不良、口舌生疮等。

【药材识别】药材椭圆形或倒卵形，长 0.5~1cm。果皮鲜红、紫色或红色，略有光泽。质柔软，有黏性。

三颗针果实在黑龙江、吉林等省民间使用，往往作为“东北枸杞”出售。请读者注意，它和枸杞完全不是一种植物，也不能代替枸杞使用。

第四节　五味子

【名称】五味子、北五味子、辽五味子。

▲五味子

【药用部位】五味子干燥成熟果实作药用。果实有甘、酸、辛、苦、咸五味而得名。最早载于《神农本草经》，列为上品。《图经本草》记载：“五味子皮肉甘酸，核中辛苦，均有咸味，此则五味俱也，故名五味子。”秋季在霜降后采收成熟果实，晒干或蒸后晒干，除去果梗和杂质即可。

【植物形态】

内五味子：

植株	多年生落叶木质藤本。茎枝红棕色或灰紫色，有多数圆形皮孔。小枝灰褐色，皮孔明显
叶	单叶，互生，老枝上则丛生于短枝上。叶片薄，广椭圆形或倒卵形，有时有白霜
花	单性，雌雄异株，数朵丛生于叶腋间，花梗细长柔软而下垂；花被片 6~9 片，乳白色或粉红色，芳香
果实	穗状聚合果。浆果球形，直径 5~7mm，肉质，熟时深红色
花期、果期	花期 5—7 月，果期 8—10 月

华中五味子：

本品和五味子形态相似，主要的区别为：叶片较五味子厚，叶片倒卵形、椭圆形或卵状披针形，叶片两面均为绿色。花单生于叶腋，呈橙黄色，花被片为6片，排成两轮。

【产地】分布于黑龙江、吉林、辽宁、河北、山西、内蒙古、甘肃、宁夏、安徽、江西、河南、湖南、湖北、四川、贵州等省区。其中尤以东北三省分布较广，特别是黑龙江省分布最为广泛。

华中五味子分布于山西、陕西、甘肃、安徽、浙江、江西、福建、河南、湖南、湖北、四川、贵州、云南等省。

【性味】性温，味酸、甘。

【功效】收敛、滋补、强壮、安神、保肝、固涩，益气生津，补肾宁心。用于肺虚咳嗽、咳喘、遗精、津亏口渴、久泻、自汗、盗汗、心悸失眠、慢性腹泻、神经衰弱以及无黄疸型肝炎等。

▲五味子药材

【药材识别】

北五味子：

药材不规则球形、扁球形，直径5~8mm；表面红色、紫红色或暗红色，皱缩，显油润；果肉气微，味酸。

南五味子：

果实颗粒较小，表面棕红色至暗棕色，干瘪，皱缩，果肉常常紧贴于种子上。五味子以鲜紫红色，粒大，饱满，肉质厚，油性大而有光泽者为佳品。但目前市场上的五味子大多数为暗紫色，主要原因是为了抢摘五味子，不到五味子完全成熟，就开始采摘，导致五味子的质量较差。

第五节　车前子

【名称】车前、车轱辘菜。

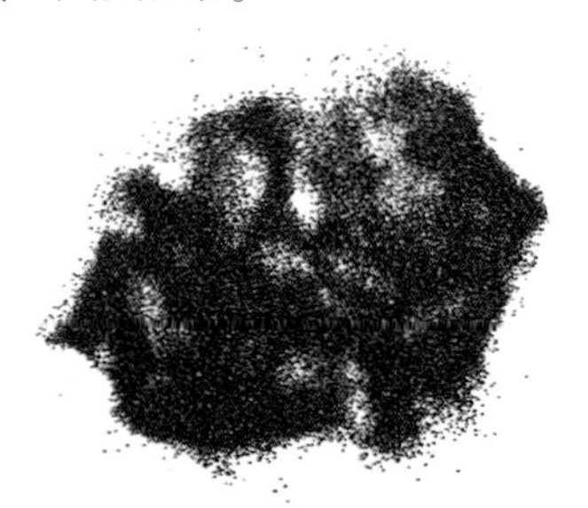

▲车前子药材

【药用部位】车前干燥成熟种子作药用。夏秋两季种子成熟时，割取花穗，晒干，搓出种子，除去杂质即可。

【植物形态】

植株、根	多年生草本植物，须根多数
叶	密集丛生，贴在地面生长。有长叶柄；叶片卵形和广卵形，叶脉为弧形叶脉，有 5~7 条
花	穗状花序，腋生，花小，淡绿色
果实	蒴果，卵状圆锥形，当种子成熟时，果实从周边开裂。种子细小，黑褐色
花期、果期	花期 6—7 月，果期 7—9 月

【产地】车前子在我国各地均有出产。

【性味】味甘，性微寒。

【功效】清热利尿、渗湿通淋、明目、祛痰。用于水肿胀满、热淋涩痛、暑湿泄泻、目赤肿痛、痰热咳嗽等。

【药材识别】药材椭圆形或不规则长圆形，稍扁，长约2mm，宽约1mm。表面棕褐色或黑褐色，有细皱纹，中央有一个淡黄色椭圆凹状种脐。质硬，气微，味淡，嚼之带黏性。

以籽粒饱满、棕色和暗棕色、无虫蛀者为佳品。

第六节　木蝴蝶

【名称】木蝴蝶、千层纸。

▲木蝴蝶药材

【药用部位】木蝴蝶干燥成熟种子作药用。秋、冬两季采摘成熟果实，暴晒至果实开裂，取出种子，晒干或烘干即可。

【植物形态】

植株	高大乔木，高7~12m。树皮厚
叶	极大，对生，3~4对羽状复叶，长40~160cm，有多数小叶
花	总状花序，顶生，花橙红色，长约6.5cm
果实	蒴果扁平，阔线形，下垂
种子	多数，种子连翅长6~7.5cm，宽3.5~4cm
花期、果期	花期8—10月，果期10—12月

【产地】产于云南、贵州、福建、广西、广东等省区。

【性味】味苦、甘，性凉。

【功效】清肺利咽，疏肝和胃。用于肺热，咳嗽，音哑，肝胃气痛等。

【药材识别】药材为蝶形薄片，种皮三面延长成宽大菲薄的翅，长 5~8cm，宽 3.5~4.5cm。表面浅黄白色，翅半透明，有丝绢样光泽和放射状纹理，边缘大多破裂。体轻，剖开种皮可以看见薄膜状胚乳裹于子叶之外，子叶 2 枚，蝶形，黄绿色或黄色，长 1~1.5cm。无臭，味微苦。

以身干、色白、有光泽、翅柔软如绸、大而完整者为佳品。

第七节　白　果

【名称】白果、银杏。

▲银杏

【药用部位】银杏去外种皮干燥种子作药用。秋季种子成熟时采收，堆放在地上或浸入水中，使外种皮腐烂后，除去外种皮，洗净，稍蒸或略煮后，烘干即可。

银杏外种皮有奇臭，因此读者在拣拾或采摘时，最好戴手套，否则，手上会存留异味很长一段时间。

【植物形态】

植株	高大落叶乔木，树干直立，高可达30m，直径可达3m
叶	短枝上的叶丛生，长枝上的叶互生，叶片扇形，中间2裂，似鸭掌，两面均为黄绿色，具多数分叉的平行脉
花	雌雄异株，花单性
果实	白果为裸子植物，有果实
种子	核果状，倒卵形或椭圆形，长约3cm，成熟时黄色，微被白粉，外种皮肉质，有强烈的臭味，中种皮灰白色，骨质坚硬，平滑卵圆形，一般具二棱，少数具三棱
花期、果期	花期3—5月，果期9—10月

【产地】银杏在我国分布甚广。主要是栽培银杏。

【性味】味甘、微苦，性平，有小毒。

【功效】补虚扶衰、止咳平喘、涩精固元。用于气血亏虚、心脾不足、肾亏和脑衰、肺虚喘咳、遗尿、白带、白浊、淋病等。

【药材识别】药材椭圆形，一端稍尖，另一端钝，长1.5~2.5cm，宽1~2cm，厚约1cm，表面黄白色或淡棕黄色，平滑，边缘由2~3条棱线，外壳（中种皮）骨质，坚硬，内种皮膜质，种仁宽，卵球形或椭圆形，一端淡棕色，另一端金黄色。

以身干、粒大、壳白色、种仁饱满、断面颜色淡黄色为佳品。

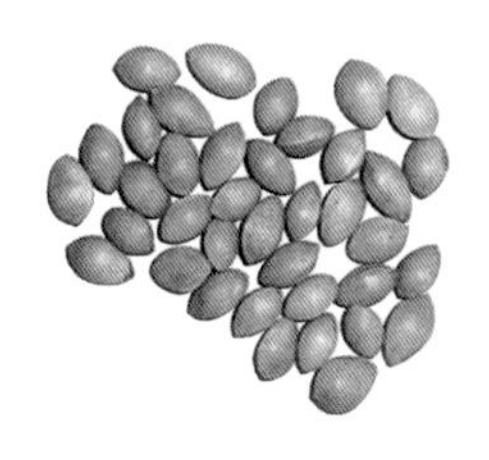

▲白果

经常食用白果可使肌肤红润、细腻、少皱纹等。但白果不能生食，炒熟的白果仁也不宜多食，这是由于白果仁中含有少量氢氰酸和其他有毒物质，因此如生食或炒食且食量过多时，会出现呕吐、腹痛、腹泻，严重时会出现抽搐不安和呼吸困难等。

第八节　决明子

【名称】决明、草决明。

▲决明子药材

【药用部位】决明干燥成熟种子。秋季种子成熟时采收，把已经成熟的黄色荚果摘下，晒干，打下种子，除去杂质即可。

【植物形态】

植株	一年生半灌木状草本植物。植株高 0.5～2m。茎直立，茎的基部稍木质化，上部分枝较多
叶	偶数羽状复叶，互生，有小叶 3 对；小叶倒卵形，全缘
花	腋生，常常成对开放，花黄色
果实	荚果，长条形，稍扁，呈弓形弯曲
种子	多数，成熟时为茶褐色，四棱形，有光泽
花期、果期	花期 6—9 月，果期 9—11 月

【产地】产于安徽、江苏、四川、山东等省。目前已有栽培。

【性味】味甘、苦、咸，性微寒。

【功效】清热明目，润肠通便。用于目赤涩痛，羞明多泪，头痛眩晕，目暗不明，大便秘结等。

【药材识别】药材棱方形或短圆柱形，两端呈平行状倾斜。一端钝圆，另一端倾斜并且有尖头，表面绿棕色或淡暗棕色，平滑，有光泽，质地坚硬，不易破碎。

以颗粒饱满、均匀、绿棕色者为佳品。

第九节　苍耳子

【名称】苍耳子，又名老苍子。

▲苍耳

【药用部位】苍耳干燥成熟带总苞果实作药用。秋季果实成熟，呈青黄色时采收。由于有刺，一般是将全株割下，打下果实，晒干即可。

【植物形态】

植株	一年生草本植物，高可达 1m。茎粗壮，直立
叶	单叶，互生，有长的叶柄，叶柄长 2~6cm，密生短柔毛；叶片广卵形
花	头状花序，生在枝条顶端或上部叶腋，花单性，雌雄同株。雄花序球状，多数，顶生，黄色；雌花序绿色，位于雄花序下部，总苞片连合成纺锤形坚果状总苞体，长约 1.5cm，外面有钩刺和短毛，顶端有 2 个小突起
果实	瘦果，倒卵形，包藏在有钩刺的总苞体内
花期、果期	花期 7—8 月，果期 8—9 月

【产地】我国大部分地区均有出产。

▲苍耳子药材

【性味】味辛、苦，性温。有毒。

【功效】散风寒，通鼻窍。用于风寒头痛，鼻渊流涕，风疹瘙痒等。

【药材识别】药材呈纺锤形或卵圆形，长 1~1.5cm，宽 0.4~0.7cm。表面黄棕色或黄绿色，全体都有钩刺，顶端有 2 枚较粗的刺，质地硬而韧。打开刺状总苞，内有 2 枚瘦果，瘦果纺锤形。

以粒大、饱满、黄绿色为佳品。

第十节　罗汉果

【名称】罗汉果、拉果。

▲罗汉果

【药用部位】：罗汉果干燥成熟果实作药用。秋季果实成熟时采摘，晾数天以后，在低温下干燥即可。

【植物形态】

植株	草质攀缘藤本植物，地下块根肥大，俗称“薯块”。茎暗紫色，具数条纵棱，长 3~10m
叶	单叶，互生，卵形，长卵形或卵状三角形
花	雌雄异株，雄花为总状花序，每一花序有 5~7 朵花，花淡黄色，略带红色。雌花单生于叶腋，或两朵簇生于总状花梗上，花淡黄色
果实	圆形、卵形或矩圆形，长 4~7cm，宽 3~6cm。有黄色或黑色茸毛，有纵线
花期、果期	花期 6—8 月，果期 8—10 月

【产地】主产于广西，是广西的特产名贵药材之一，尤其是永福和临桂两县。

【性味】味甘，性凉。

【功效】清热润肺、止咳、清暑解渴、润肠通便。用于伤风感冒、咳嗽多痰、暑热、胃热、便秘、慢性咽喉炎、慢性支气管炎、口干舌燥等。

【药材识别】药材卵圆形、椭圆形或球形，长 4.5~8.5cm，直径 3.5~6cm。表面褐色、黄褐色或绿褐色，有深色斑块和黄色柔毛，有的有 6~11 条纵纹，顶端有花柱残痕，基部有果柄痕。体轻，质脆，果皮薄，容易破裂。果瓤海绵状，浅棕色。种子扁圆形，多数，长约 1.5cm，宽约 1.2cm，浅红色至棕红色。

以形圆、个大、完整、褐色、摇之不响者为佳品。

第十一节　金樱子

【名称】金樱子、刺梨榄。

▲金樱子

【药用部位】金樱子成熟果实作药用。每年 10—11 月果实成熟变红时采收，晒干并除去毛刺即可。金樱子的果实味甜，可以食用。

【植物形态】

植株	常绿灌木或攀缘性灌木，枝干密生，有刺
叶	奇数羽状复叶，互生，小叶多为 3 枚，少数为 5 枚。叶片椭圆状卵形或披针状卵形，革质，有光泽，叶柄长
花	花大，白色，芳香
果实	倒卵形，橘红色，外面密被刺毛，肉质，味甜
花期、果期	花期 3—4 月，果期 9—10 月

【产地】金樱子除野生外，湖南、湖北、四川等省均有栽培。

【性味】味酸、干、涩，性平。

【功效】固精缩尿，涩肠止泻。用于遗精滑精，遗尿尿频，久泻久痢、慢性腹泻、跌打损伤、腰肌劳损、烫伤等。

▲金樱子药材

【药材识别】药材呈倒卵形，长 2~3cm，表面黄红色或红棕色，上面有棕色小点，果实上部有圆盘状花萼残基，质地硬，将果实切开后，里面有许多褐色坚硬的小瘦果，内壁及瘦果都有淡黄色茸毛。

以个大，果肉厚，颜色红，有光泽的为佳品。

第十二节 草 果

【名称】草果。

▲草果药材

【药用部位】草果干燥成熟果实作药用。秋季果实成熟时采收，除去杂质，晒干即可。

【植物形态】

植株	多年生丛生草本植物，有横向的根状茎。高 2~3m，全株有辛辣气味。茎粗壮，直立或稍倾斜
叶	叶片 2 列，长椭圆形或披针状椭圆形，长 40~70cm，宽 5~18cm
花	穗状花序，花序从茎基部抽出，卵形或长圆形，花白色
果实	蒴果，长圆形和卵状长圆形，长 2.5~4.5cm，果皮成熟时红色，干后紫褐色，有不规则的纵皱纹
花期、果期	花期 4—5 月，果期 6—9 月

【产地】产于云南、广西、贵州等省区。

【性味】味辛，性温。

【功效】燥湿温中、除痰截疟。用于脘腹胀痛，痞满呕吐，疟疾寒热等。

【药材识别】药材呈长椭圆形，有 3 个钝棱，长 2~4cm，粗

1~2.5cm。表面灰棕色或红棕色。有纵沟和棱线。果皮质地坚而韧，容易纵向破裂。有特异香气，味辛，微苦。

以个大、饱满、表面红棕色，气味浓者为佳品。

草果不但是中草药，而且还是很好的调味品。多在卤制菜肴时使用。

第十三节　胖大海

【名称】胖大海、大海、安南子。

▲胖大海药材

【药用部位】胖大海干燥成熟种子作药用。4—6月，由开裂的果实上采收成熟种子，晒干即可。

【植物形态】

植株	落叶乔木，高可达40m
叶	单叶互生，叶片革质，卵形或椭圆状披针形
花	圆锥花序，顶生或腋生，花杂性同株
果实	蓇葖果1~5个，呈船形，长可达24cm

【产地】产于越南、印度、泰国、马来西亚、印度尼西亚等

国。为进口药材。我国海南、广西已经引种栽培。

【性味】性寒，味甘、淡。

【功效】清肺热，利咽喉，清肠通便。用于干咳无痰、咽痛音哑、慢性咽炎、热结便秘等。

中医认为，胖大海有两大功能：一是清宣肺气，可以用于风热所致的急性咽炎、扁桃体炎；二是清肠通便，用于上火引起的便秘。

胖大海有一定毒性，不适合长期服用。在我国公布的《既是食品又是药品的物品名单》中，胖大海虽然名列其中，但由于有一定的毒性，不适合某些体质人群，更不宜长期作为保健饮料来喝。

以下情况不适合使用胖大海：一是脾胃虚寒体质，表现为食欲减低、腹部冷痛、大便稀溏，这时服用胖大海容易引起腹泻，损伤元气；二是风寒感冒引起的咳嗽、咽喉肿痛，表现为恶寒怕冷、体质虚弱、咳嗽、痰黏、白；三是肺阴虚导致的咳嗽，也表现为干咳无痰、声音嘶哑。

【药材识别】药材呈纺锤形或椭圆形，形如橄榄，长 2~2.5cm，直径 1~1.7cm，两端稍尖。表面黄棕色或褐色，稍有光泽，具不规则的细皱纹，基部稍尖，有圆形种脐。外层种皮极薄，松脆易碎，中层种皮较薄，黑褐色，泡水中成海绵状，可达到原来的 6~8 倍，内种皮容易和中层种皮脱离，稍革质，胚乳肥厚，成两片，广卵形，灰黄色。种皮嚼之有黏性。

以粒大、饱满、棕色、表面皱纹细，不破裂者为佳品。

主要参考文献

罗兴洪，任晋生. 2017. 名贵中药材的识别与应用［M］. 北京：中国医药科技出版社.

王伟华. 2017. 中药材栽培加工与营销［M］. 天津：天津科学技术出版社.

王渭玲，盛晋华，王良信. 2017. 实用中药材栽培技术［M］. 北京：科学技术文献出版社.